JN128768

I-1　ヤマトゴキブリ

I-3　ヤマトゴキブリ(左)とクロゴキブリ(右)雄腹端背面の比較

I-2　クロゴキブリ雄(生品)

I-4　ワモンゴキブリ雄

I-5　コワモンゴキブリ雄

I-6　トビイロゴキブリ雄

I-7　チュウトウゴキブリ

I-8　ワモンゴキブリ(左)とトビイロゴキブリ(右)雌腹端腹面の比較

【老齢期の幼虫】

II-1　ヤマトゴキブリ（生品）

II-3　クロゴキブリ　II-4　ワモンゴキブリ　II-5　トビイロゴキブリ

II-2　クロゴキブリ（生品）

II-6　トビイロゴキブリ

II-7　コワモンゴキブリ

【若齢期の幼虫】（生品もしくは生存個体）

II-8　トビイロゴキブリ１齢幼虫（孵化直後）

II-9　コワモンゴキブリ１齢幼虫（脱皮前）

II-10　クロゴキブリ１齢幼虫（左）と２齢幼虫（右）

II-11　ヤマトゴキブリ１齢幼虫

II-13　ワモンゴキブリ１齢（ヤマトゴキブリより淡色で細長い）

II-12　ヤマトゴキブリ１齢幼虫の拡大写真（胸部両側縁の透明部が目立つ）

III-1　チャバネゴキブリ

III-2　モリチャバネゴキブリ

←III-3　キョウトゴキブリ（左は雄成虫，右は雌成虫と幼虫）

III-4　オガサワラゴキブリ →

【卵鞘】（多数の卵の入ったケース）

Ⅳ-1　ゴキブリの卵鞘（①クロゴキブリ／②ヤマトゴキブリ／③ワモンゴキブリ／④チャバネゴキブリ／⑤キョウトゴキブリ）

【不完全変態】（生品もしくは生存個体）

Ⅳ-2　クロゴキブリの幼虫全（1～8）齢期

Ⅳ-3　チャバネゴキブリの1～6齢幼虫と雄成虫

SCIENCE WATCH

衛生害虫ゴキブリの研究

辻　英明（環境生物研究会）

北隆館

SCIENCE WATCH:
Studies on urban cockroaches in Japan

Written by

Dr. HIDEAKIRA TSUJI

Representative, KSK Institute for Environmental Biology

序　文

緒方一喜先生のご厚意でお勧めをいただいた結果，北隆館からゴキブリ入門的な書籍の執筆の依頼を受けてからすでに３年過ぎた。筆者のゴキブリに関する研究は50年以上続いているが，民間会社で農業害虫，衛生害虫，家屋害虫，工場施設害虫など，害虫全般の防虫剤や防虫管理技術の開発研究を行ってきたので，ゴキブリそのものに集中していた訳ではない。筆者としてはゴキブリに関して幅広い入門書を書けるか，自身の能力には疑問があった。なによりも，すでに多くの国内国外の先生方や先輩諸氏によって，ゴキブリに関する書籍が少なからず出版されていて，そのような範囲を改めて網羅した入門書を書くにはあまりにも筆者は浅学であると感じていた。

そこで，自分自身が職務上必要を感じて行った研究，あるいはそれに関連して特別に興味を感じた知見を中心に筆を進めた結果，入門とは言い難い片寄りを示すことになった。この点を編集担当の角谷裕通氏も心配し，結果，書名が「衛生害虫ゴキブリの研究」となった次第である。

本書では，おもに室内で遭遇するゴキブリ，つまり衛生害虫の範疇に入るゴキブリを取り扱った。普段生活の中で目にすることの多いゴキブリたちは，いかにして私たち人間の生活空間を侵食するに至ったか，本書を通じて，その歓迎されざる同居人の実像を垣間見ていただければ幸いである。

さて，北隆館といえば，思い出すのは少年時代からお世話になった図鑑と先生方である。太平洋戦争の終結から，食べるもの，着るもの，住む場所にも不自由した旧制（静岡県立韮山）中学，新制高等学校時代，北隆館の昆虫図鑑と植物図鑑は，われわれ生物部員活動のバイブルのようなものだった。筆者は古い蚊帳のネットを使った自家製の捕虫網で昆虫採集を始め，生物の種類と生活の多様性と適応性，姿の美しさと巧妙さに夢中になった。その時代の生物部顧問の小早川喜代作先生には，絶妙な話法と博学な授業に加えて，少年達をたびたび採集旅行に引率指導され，宿泊の際には無料宿泊のご手配をいただいた。さらに常々ご自宅でも手製のうどんなどを，飢えた少年達にふるまわれた。少年達は嬉々としてうどん作りを手伝ったものである。慈父母のような先生ご夫妻を思い出すたび感謝に堪えない。

そのころ昆虫愛好家や昆虫少年が毎月愛読していた市販雑誌も北隆館の「新昆蟲」だった。学会誌など高嶺の花で意識に無かった少年達は，この雑誌を通じて高名な昆虫学者の指導を得ていた。九州大学の江崎悌三先生，安松京三先生，白水隆先生，農業技術研究所昆虫部長の湯浅啓温先生，千葉大学の野村健一先生，予防衛生研究所の朝比奈正二郎先生，山階鳥類研究所の高島春雄先生はじめ，昆虫学の諸先生方が昆虫少年を愛育して下さった。江崎先生はじめ，諸先生が中学高校生に対しても直筆のお便りをくださり，昆虫名や注意事項をご指導くださったのである。こうした傾向は今日の学会でも同様に続いているようなので嬉しいことである。

当時，三島市郊外に居住しておられた朝比奈正二郎先生（後の予防衛生研究所衛生昆虫部長）には特にお世話になった。先述の小早川先生の遠縁とかで紹介いただき，中学・高校時代に学友と共に時々お邪魔して昆虫の同定はじめ，研究の指導を受けた。ときには，ご父君の泰彦博士（東京大学，薬学の権威）もおられて，少年達に研究論文の心得をご教示下さり，少年達が感激したこともある。

大学受験予定のなかった筆者は，高校時代に受験勉強もせず，大型コオロギの生活史の研究に打ち込み，正二郎先生のご紹介で，三重大学の大町文衛先生（コオロギ研究の大家，文豪大町桂月のご子息）にもご指導を受け，作文「北伊豆のクチキコオロギについて」を新昆蟲に投稿できた。これは高校卒業の翌年，「新昆蟲誌論文表彰」（1951 年）で表彰されたので，その後の大学，大学院への進学と，研究への大きな後押しとなった。そればかりか，朝比奈先生には後年学位論文の提出，就職，さらに職場でのゴキブリ研究のご支援と，長年にわたってお世話になり感謝の念は筆舌に尽くせない。同様に，少年時代も，その後のゴキブリ研究のまとめにも終始ご支持下さった奥谷禎一先生（神戸大学）にも深謝申し上げたい。

また，昆虫学（当時宮崎大学，中島茂教授・清水薫助教授），生態学（当時京都大学大学院，内田俊郎教授・河野達郎助教授）の基礎研究を，これらの先生方の指導や，多くの先輩と学友の刺激を受けつつ行えたことは，その後のゴキブリ研究にも大いに役立った。

さらに，義兄の掛見喜一郎教授（当時京都大学薬学部）には化学薬品の研究所に就職するチャンスをいただき，その後，職場では三浦勇吉博士，奥八郎博士，遠藤章博士に微生物，生化学・酵素化学の基礎を，富田和男博士（いずれも当時三共株式会社中央研究所）には化学構造式，特に立体構造に関する知識を与えていただいた。

直接ゴキブリ研究や行事に関連して，当時の予防衛生研究所の安富和男博士，大滝哲也博士，日本環境衛生センターの緒方一喜博士，田中生男博士，三共株式会社の池田安之助博士，田原雄一郎博士をはじめ，日本衛生動物学会，家屋害虫学会（現在，都市有害生物管理学会），日本ペストロジー学会，日本環境動物昆虫学会の先生方や会員の皆様には会合の面倒をみていただき，あるいは共同研究を行うなど，ひとかたならぬお世話になった。

少年時代から今日に至るまで筆者の研究生活は，ここにあげた諸先生，諸先輩方，また研究仲間の皆様のご厚意の賜物であり，この場を借りて改めて厚く御礼申し上げる。また，原稿の作成が遅れご迷惑をかけた北隆館の各位のご尽力に深謝したい。

2016 年 8 月

辻　英明

目　次

Ⅰ. ゴキブリの外形

類似昆虫との区別

1 バッタやコオロギに近い仲間

「ゴキブリとは，どんな形の虫を言うのですか？」と聞かれて，一瞬，戸惑ったことがある。なるほど，人によってはどんな虫も同じに見えるから，念のため近い形の虫との関係を述べておく。

ゴキブリは昆虫なので，体は頭部，胸部，腹部からなり，3対の脚と，成虫には通常2対の翅(はね)がある（写真1-1，図1-1）。口は食べ物を噛んで食べるタイプで，ハサミムシ，シロアリ，バッタ，ガロアムシ，カマキリ，ナナフシに近い昆虫である。それぞれは分類学上の目(もく)というグループであり，それらはまとめてバッタ亜群(あぐん)と呼ばれる。

2 バッタ亜群の中のゴキブリ目

バッタ亜群にはゴキブリ目を含め，共通して以下の特徴がある（写真1-2参照）。

通常，成虫は有翅(ゆうし)（＝翅がある），静止時には翅を腹部の上か両脇にたたむ。前翅は後翅よりも厚いか革質化する。翅が退化している種類もある，口器は咀嚼(そしゃく)型（＝噛んで食べる形式）で大あごが目立つ。雌には通常発達した産卵管がある（ゴキブリでは外から見えない）。不完全変態で，脚先端の跗節(ふせつ)は2～5節（ゴキブリでは5節）である。幼虫は翅が未発達である以外は成虫に類似している。

それぞれの目の特徴を示すと以下のとおりである（平嶋ら，1989）。

2-1 ハサミムシ目

腹端に1対のはさみ状か釘抜き状の突起がある。一見，翅がないように見えるほど前翅(ぜんし)は革質化して短く，翅脈がない。後翅(こうし)はその下にたたまれているので，腹部の大部分が露出している。土中，石下，枯木皮下などに棲息する。

写真 1-1　クロゴキブリ雄成虫（背面）.

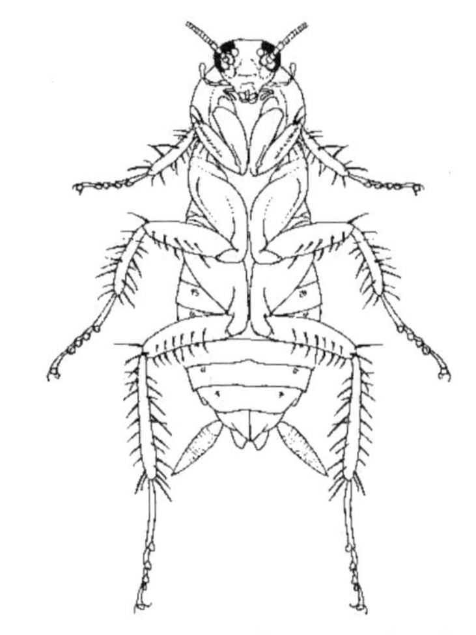
図 1-1　クロゴキブリ雌成虫（腹面）.

2-2 シロアリ目

腹端にハサミムシのような突起はない。前翅と後翅は長く，ほぼ同型でたたまれず，腹部を覆っている。翅の基部近くに切り離し線があって，結婚飛翔後にそこから翅が分離落下するので，無翅（むし）（＝翅がない）状態となる。木材や土の中で社会生活を行う。

2-3 バッタ目

翅に切り離し線はなく，後翅は前翅より大型である。後脚（こうきゃく）はジャンプに適応して腿節（たいせつ）が発達肥大し，前・中脚の腿節よりはるかに巨大となっている。前胸背板は大型で，両側が下方に伸び，前脚の基節近くに達する。通常，跗節は3～4節，雌には産卵管がある。キリギリス，コオロギ等を含む。

2-4 ガロアムシ目

通常は人目につかない無翅の昆虫で，白色～淡褐色である。一見コオロギのようだが，後脚の腿節は肥大しない。跗節は通常5節。腹端に8～9節の長い尾肢（尾毛）があり，ゴキブリの尾肢より長い。雌の産卵

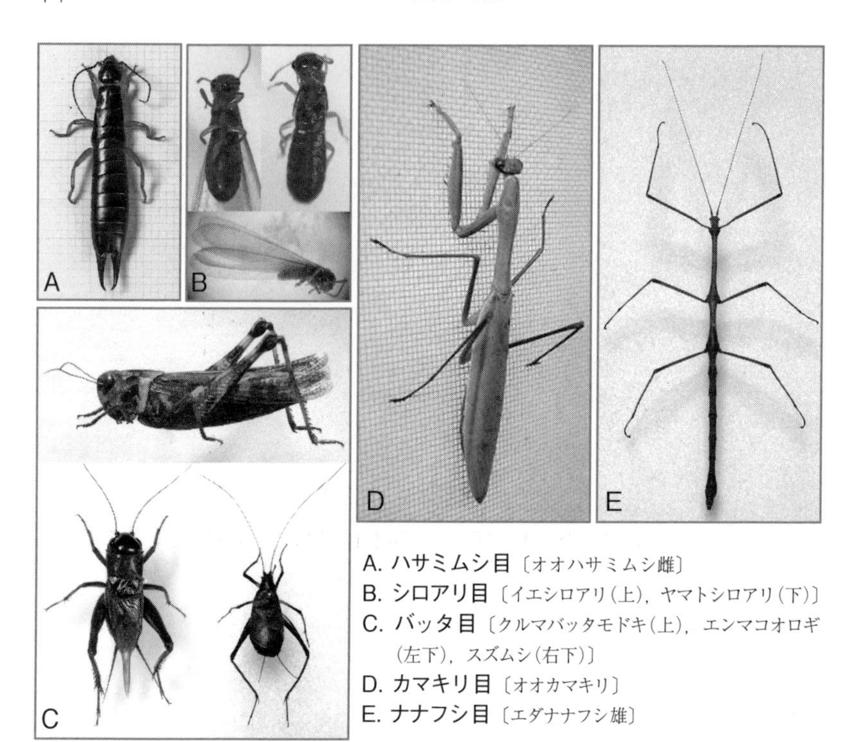

A. ハサミムシ目〔オオハサミムシ雌〕
B. シロアリ目〔イエシロアリ(上)，ヤマトシロアリ(下)〕
C. バッタ目〔クルマバッタモドキ(上)，エンマコオロギ(左下)，スズムシ(右下)〕
D. カマキリ目〔オオカマキリ〕
E. ナナフシ目〔エダナナフシ雄〕

写真 1-2　ゴキブリに近い昆虫.

管は第8・9腹板から延長し短い。土中，石下，朽木，洞窟中などに棲息する。

2-5　ゴキブリ目

体が扁平で，成虫は比較的大型，背面から見ると体が長楕円形である。前・中・後脚いずれもほぼ同型で，基節（図 1-2 参照）は巨大で左右が接近し，腿節と脛節に多数のトゲが目立つ。脚の跗節は5節である。前胸背が広く，頭部はその下に隠れ，背面から見えにくい。前翅は半ば硬化し，前・後翅ともに前縁に沿った多数の小脈（径脈からの分枝）はすべて前縁外方に向かっている。雌だけ翅が短く退化している種類や，雌雄とも退化して無翅と見える種類もある。翅があっても飛べる種類と飛べない種類がある。屋内種の歩行は一般に速い。産卵管は短く，外から見えない。卵はケース（卵鞘）に納められて産まれる種類が多いが，幼虫になってから雌の体外に出てくる種類もある。尾肢（尾毛）の割合はガロアムシほど長くない（腹端３節の合計より短い）。

2-6 カマキリ目

細長い体の捕食性昆虫で，特に胸部が細い。頭部は前方に露出している。前胸は中胸より長い。前脚は獲物を捕獲する「捕脚（ほきゃく）」となり，中・後脚で歩く。歩行速度は遅い。卵は泡状の卵鞘に包まれて産み付けられる。

2-7 ナナフシ目

細長い体の食植性昆虫で，前脚も中・後脚と同様の歩行脚である。前胸は中胸より短い。卵は１個ずつ地上に産み落とされ，種により多様な形で，彫刻，飾りがある。植物への擬態や擬死が認められ，コノハムシもこの仲間に含まれる。

ゴキブリが好きか面白いか

ゴキブリといえば不潔な気味の悪い生き物で，見るのも嫌だと言う人が多い。だから，そんなものを研究するなど，よほど変人なのだと思われることになる。

娘が小学校一年生の時，大人の人に「お父さんはなにを研究しているの？」と聞かれ，「製薬会社で薬の研究」と言わず「ゴキブリの研究」と言ったとたんに，「えーッ，ワーハッハッハッハッ」ということになったそうである。

筆者は1965年からゴキブリについて，誘引する食物誘引物質，摂食行動，生活史（発育経過），越冬休眠の有無，潜伏行動，餌の量と棲息個体数との関係などの初歩的な知識を求めて調べたのだが，元々好きで研究しているのだと職場でさえ誤解されていた。

筆者はゴキブリが好きだったのか？

やはり嫌いだった。とくに汚いところからやってきたのではないかと疑われる場合，今でも警戒せざるを得ない。もし感染症患者が近くに存在する場合は恐ろしいと言うべきだろう。伝染病でなくても，食中毒の原因菌を運ぶ可能性がある。だから屋内に侵入するゴキブリは衛生害虫とされている。

なぜ研究したのか？

まったく仕事のためと言える。①殺虫剤の開発試験などに適した実験昆虫の合理的な生産管理をしなければならない。たとえばクロゴキブリやヤマトゴキブリを野外で入手しても，いざ飼育するとさっぱり成虫にならない。②駆除方法を開発するため彼等の生活を明らかにし，特徴や弱点を発見しなければならない。たとえば，誘引や脱皮阻害などの方法も開発する必要がある。③精神医学的には，通常は悪魔でも怪物でもない，ただの虫であることも明らかにする必要がある。したがって，不明だったゴキブリの正体を明らかにする謎解きの意味も大きい。

ゴキブリにさわるのか？

ピンセットで挟むことが多いが，暴れる場合に脚を捕まえると簡単にちぎれて逃げる。体が柔らかいので，強く挟むと死んだりする，炭酸ガスで麻酔しながらつまみ出すとか，さらに氷上のトレイに並べて処理するとか工夫する。飼育ゴキブリは実験動物用の新しい餌と水で代々飼育されており，汚物から発生しているわけではないので，手で掴むこともある。しかし，屋内でお馴染みのゴキブリはフニャフニャしているくせに素早く，おまけに粘液を出したりしているので，カブトムシのようには扱えない。なお，野外種にはペットに適したゴキブリもあり，そんな種類は感じもカブトムシ似ている。

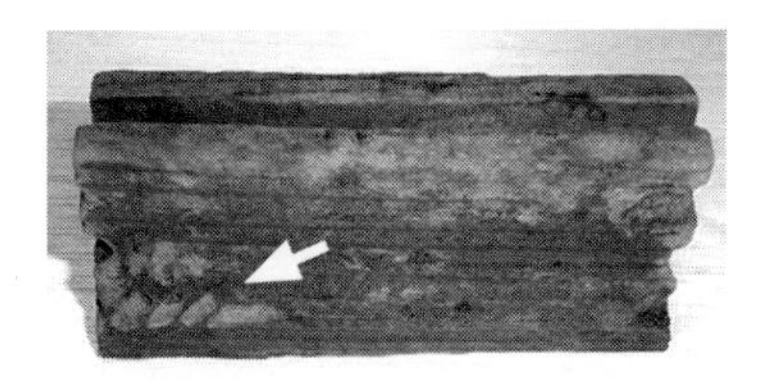

写真　クロゴキブリに齧られた板(矢印は顕著な齧り痕)：そこに産卵する.

取り扱い中に噛みつかないか？

通常の人間に対して，彼等は逃げるのに必死なので噛みついたりせず，牛若丸のようにこちらの体を伝って逃げたりする。しかし，静かなときには餌や水には敏感に反応するので，食べ物や汗で汚れた人間が眠っている間に，汚れた部分を齧られる恐れがある。特に眠りの深い乳児や子供には，ネズミに対すると同様の注意が必要と考える。

実際，古典的な Mallis のハンドブックの旧版（1969 等）に，就寝中の子供のまつ毛が食べられる被害，足指の爪を齧られる例，航海船員の手の指の爪が齧られるので手袋をして寝るなどの古い例や，就寝中に自身夫妻の顔の上をゴキブリが歩く例が紹介されている。ちなみに，ゴキブリには食べ物で汚れた木材を齧り，表装にデンプン糊を使った本，書画などの文化財を食害する能力があるから，齧る力は強力である。

■ゴキブリとは

1　ゴキブリの体制図

ゴキブリの形態的特徴を知るために，代表的なクロゴキブリの全体図と各部分の名称を図 1-2 に示す。

ゴキブリは 3 億年の太古から，脚は 6 本(3 対)，ハネは 4 枚(2 対)の由緒正しい昆虫である。実際，昆虫の代表として体の説明に適している。

体は前方から，頭部，胸部，腹部に分かれている。

頭部には触角，複眼，明紋（単眼点），口器（付属ヒゲを含む）を備え，外界への感覚と餌や水の摂取に対応している（図 1-3）。

胸部は前胸，中胸，後胸に分かれ，それぞれに 1 対（左右 2 本）の脚があり，ハネは中胸に 1 対（前翅）と後胸に 1 対（後翅）の 4 枚がある。脚の部分名は図に示した通りであるが，跗節ごとに跗節盤があり，爪の間には通常爪間盤が認められる。

腹部は 10 節からできているが，末端の節が生殖節として融合し，腹

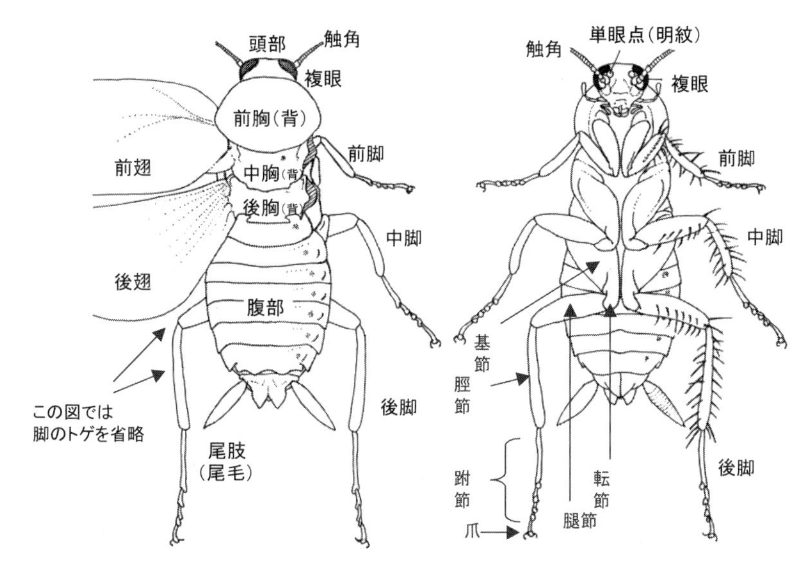

図 1-2　ゴキブリ成虫の体制図（クロゴキブリ雌成虫）.

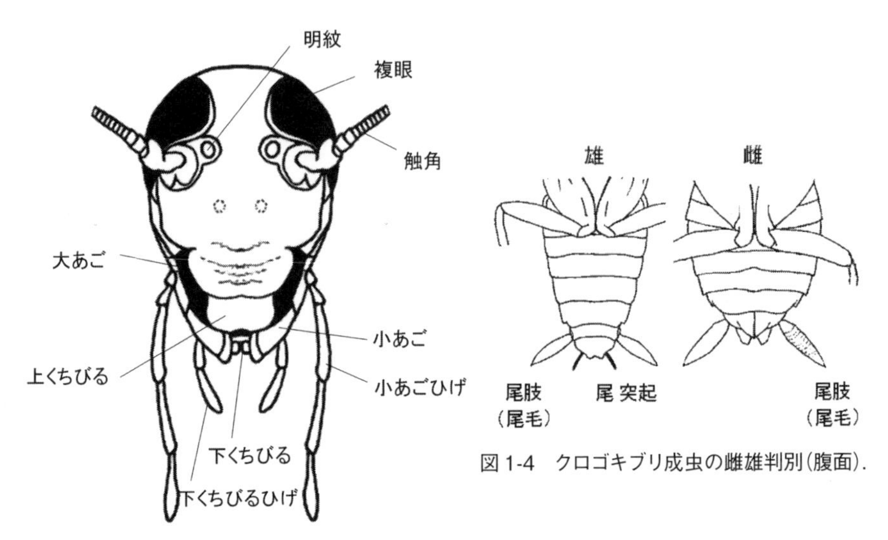

図 1-3 ゴキブリ頭部正面の模式図(ワモンゴキブリ).

図 1-4 クロゴキブリ成虫の雌雄判別(腹面).

面において雄では9節,雌では7節が数えられるだけである。雄雌ともに腹端には1対の尾肢があり,それには微細な感覚毛が生えていて,空気の動きを感知する。さらに雄成虫には1対の尾突起があり,雌雄判別に役立つ。しかし尾突起は幼虫時代には雌雄両方にある(図1-4)。

2 ゴキブリの変態と脱皮

4-1 不完全変態

ゴキブリはバッタやコオロギと同様に卵,幼虫,成虫と発育し,チョウやカブトムシのような蛹の時代がない。それは幼虫と成虫で棲息場所や食物が類似した生活をしているからである。

3 卵と卵鞘

卵は,十数個や二十数個を1個のケース,すなわち卵鞘(らんしょう)に入れて産卵する種類が多いが,中には卵鞘を腹の中に戻して幼虫を産む種類もある。

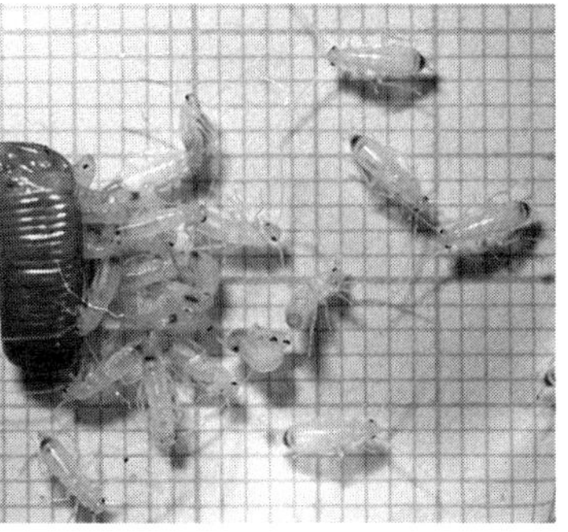

写真 1-3　左上：卵鞘を尾端から出している雌成虫．右上：10 数日～20 日で卵鞘が落下し同時に孵化する．左：孵化した幼虫は数時間で着色する．

成虫の寿命が長くて，雌成虫は卵鞘を次々と産むので，早期に産まれた卵と後期に産まれた卵で，幼虫の孵化（ふか）時期が異なることになる。卵鞘を産む雌成虫と，幼虫の孵化する様子を以下に示す。

5-1　チャバネゴキブリ

チャバネゴキブリ（写真 1-3）は卵鞘を 20 日前後持ち続ける。モリチャバネゴキブリも同様である。卵鞘落下後 1 週間程度で次の卵鞘を出し，一生に数個の卵鞘を産む。

5-2　ヤマトゴキブリ，クロゴキブリ，ワモンゴキブリ

これらの大型ゴキブリ（写真 1-4～8）の卵鞘保持期間は 1～2 日で，湿気の多い場所に卵鞘を産み付ける。引き続き 1～2 週間ごとに卵鞘を突き出す。卵鞘が産み付けられてから 1 ヶ月弱～40 日で幼虫が孵化する。一生に 10 数個以上の卵鞘を（飼育ではさらに多数）産む。

写真 1-4　卵鞘を出している ヤマトゴキブリの雌成虫.

写真 1-5　卵鞘を出しているクロゴキブリ の雌成虫.

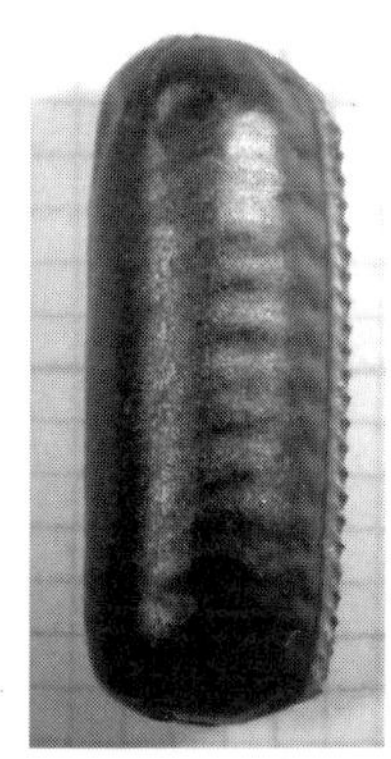

写真 1-6　クロゴキ ブリの卵鞘.

写真 1-7　クロゴキブリの卵鞘を開い た状態. 卵が 26 個見える.

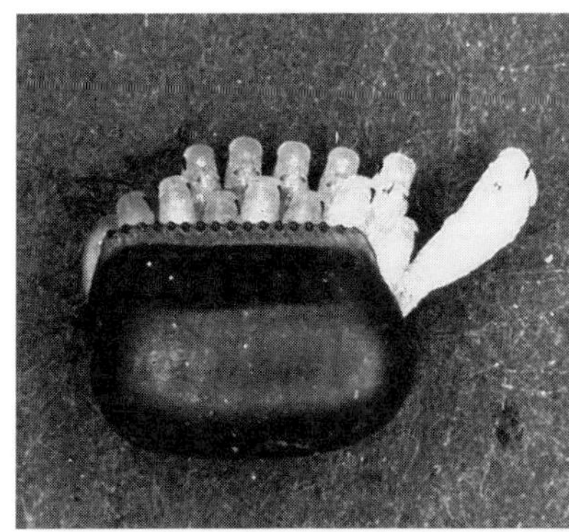

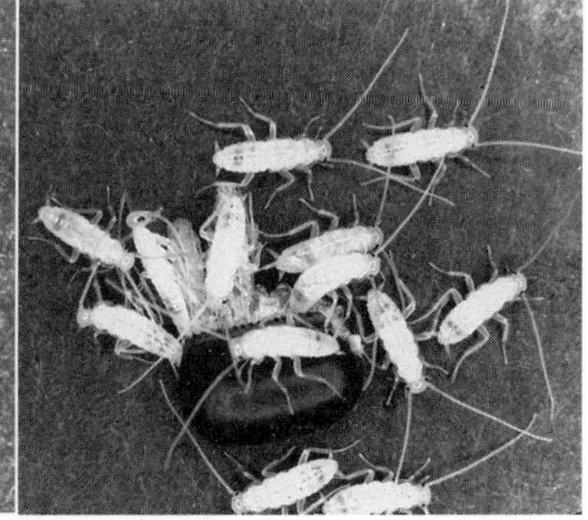

写真 1-8　ワモンゴキブリの卵鞘から幼虫が孵化する状態（左→右）. 一斉に孵化する.

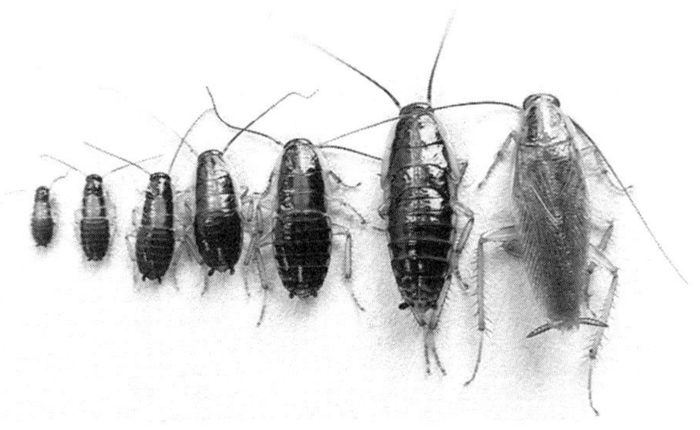

写真 1-9　正常な脱皮を繰り返し成虫になるチャバネゴキブリ．

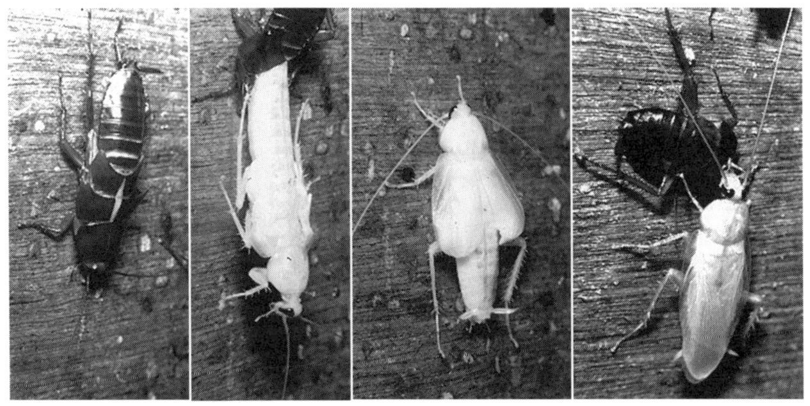

写真 1-10　クロゴキブリ終齢幼虫の成虫への脱皮：下向きに静止し，自分の体重を利用して脱皮する．脱皮後翅が伸びると自分の脱皮殻を食べる（幼虫から幼虫への脱皮でも同様）．

4　幼虫の脱皮

ゴキブリは昆虫だから脱皮して成長する。しかし，幼虫と成虫の姿も生活も類似しているので，チョウのように蛹にならず，大型幼虫からいきなり成虫となる（写真 1-9, 10）。

5　脱皮を阻害する化学物質

人畜に無害で昆虫の脱皮を阻害する物質（たとえばジフルベンズロン）が特定の農業害虫の駆除用に登録され商品化されているが，ゴキブリ用にはまだ登録されていない。これは登録にかかる経費が膨大であるためである。効果自体はあるから，他の殺虫剤に対し抵抗性が発達するなどで是非必要となれば，ゴキブリ用の登録の努力が期待される。ゴキブリが触れるだけで脱皮が阻害されることも明らかにされている（Tsuji & Taneike, 1988）ので，珍しい作用として紹介する。写真 1-11, 12 はチャ

写真 1-11　脱皮阻害剤（ジフルベンズロン）に触れた幼虫は脱皮に失敗し死亡する.

ゴキブリ各種のサイズ比較

「一番大きなゴキブリはどんな大きさか？　一番小さいゴキブリは？」という質問されたことがある。世界中のすべてのゴキブリを調べたことがないので筆者は知らないとしか言えないが，手近な文献上（朝比奈，1991；Cornwell, 1968）で比較できる数字を示すと表の通りである。

本州に普通のクロゴキブリと比較してみると，大型種では南米産の巨大種メンガタゴキブリ（ドクロゴキブリ）1 種が 1.8 倍ほど大きく，小さい方では喜界島産のホラアナゴキブリは約 1/6 しかない。したがって，大小の差は約 10 倍である。おそらく体重では約 1000 倍単位の差があるだろう。

さらに，体長ではメンガタゴキブリより大型のナンベイオオチャ

バネゴキブリ（体長110 mm），体重では世界一とされるヨロイモグラゴキブリ（体重35g，体長70～80mm）も知られているから（鈴木，2005），大小の差は上記を上回るだろう。

もちろん同一種内でも変異があり，1989年にゴキブリ駆除剤のPRイベントで行われたゴキブリ（サイズ）のコンテストではクロゴキブリ26.4～38.8mm，ヤマトゴキブリ25.7～29.5mm，ワモンゴキブリ33.3～45.0，チャバネゴキブリ11.3～13.4mm（いずれも雄の数値）の変異があり，雌でも類似の変異があった（三原，1991）。

小型ゴキブリとクロゴキブリのサイズ比較（朝比奈，1991）

No.	Page	科名	亜科／属	種名	雌雄	体長 mm	中央値	対クロ比	前翅長	後翅長
50	221	ホラアナゴキブリ		キカイホラアナゴキブリ	♂	4		0.16		
					♀	5		0.18		
10	5	ムカシゴキブリ		ルリゴキブリ		10			10-11	
11	57			ツチカメゴキブリ		6.2-7.0	6.6	0.26	5.0-5.6	
12	62	チャバネゴキブリ	チビゴキブリ亜科	クロモンチビゴキブリ		6-7	6.5	0.26	6	7
13	65			チビゴキブリ		8		0.32	7-8	8-9
14	71		ヒメゴキブリ亜科・属	ヒメクロゴキブリ		7-8	7.5	0.3	7.0-8.5	
20a	101		ツチゴキブリ属	ツチゴキブリ	♂	7-8	7.5	0.3	8	
					♀	7-11	9	0.33	7	
20b	104			ヒメツチゴキブリ	♂	7-8	7.5	0.3	7	
					♀	7-8			6	
21	106			サツマツチゴキブリ	♂	8-9	8.5	0.34	6.5-7.0	
					♀	8-10	9	0.33	6.5-7.0	

大型ゴキブリとクロゴキブリのサイズ比較（朝比奈，1991）

No.	Page	科名	亜科／属	種名	雌雄	体長 mm	中央値	対クロ比	前翅長
1a	37	ゴキブリ科	ゴキブリ属	ワモンゴキブリ	♂	33-40	36.5	1.46	25-30
					♀	30-35	32.5	1.18	
3	39			トビイロゴキブリ	♂	25		1	22-25
					♀	30		1.09	25
4	41			クロゴキブリ	♂	25		1	23-25
					♀	25-30	27.5	1	25
5	42			ウルシゴキブリ	♂	24-27	25.5	1.02	21-23
					♀	26-28	27	0.98	21-25(27)

ブラベラスゴキブリとクロゴキブリのサイズ比較（Cornwell, 1968 の図20から）

No.	Page	科名	亜科／属	種名	雌雄	図上の長さ	対クロ比	翅込み長	対クロ比
			Blaberus	*graniifer*	♂	65	1.76	95	2.07
					♀	75	1.88	97	2.06
				クロゴキブリ	♂	37	1	46	1
					♀	40	1	47	1

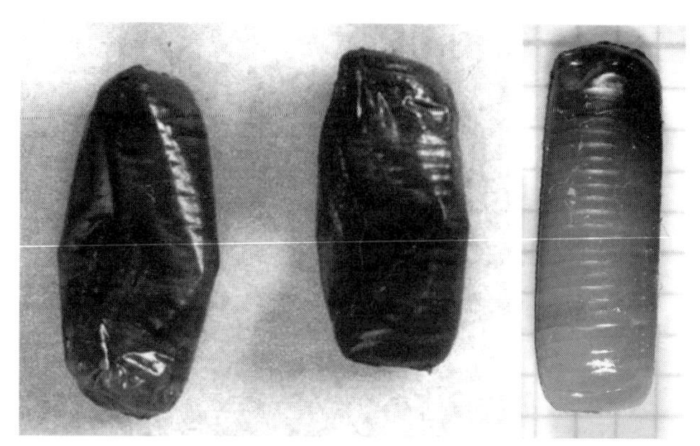

写真 1-12　左：成虫は触れても死なないが，雌成虫の卵鞘は変形縮小し，幼虫は孵化しない．右：正常卵鞘．

バネゴキブリに対する効果の例で，他のゴキブリに対しても同様に効果がある。

引用文献

朝比奈正二郎（1991）日本産ゴキブリ類．中山書店．253pp.

Cornwell, P. B. (1968) The cockroach, Volume I. (A laboratory insect and an industrial pest) Hutchinson & Co Ltd. 391pp.

平嶋義宏・森本　桂・多田内修（1989）昆虫分類学．川島書店．595 pp.

Mallis, A. (1969) Hand book of Pest Control. 5th edition (1969) Mac Nair-Dorland Company, U.S.A. 1158pp. 143–147.

三原　実（1991）ゴキブリコンテスト．安富和男（編）ゴキブリのはなし．技報堂出版．212pp. 中 p.31-37.

鈴木知之（2005）ゴキブリだもん　―美しきゴキブリの世界―．幻冬舎コミックス．143pp.

Tsuji, H. and Taneike, Y. (1988) Insecticidal effect of diflubenzuron against cockroaches. Japanese. Journal of Sanitary Zoology, 39(1): 19-25.

Ⅱ．種の多様性

日本の屋内ゴキブリ

1　大部分が野外性

ゴキブリは世界中で3,500〜4,000種が知られ，日本のゴキブリは52種＋7亜種とされていた（朝比奈，1991）が，その後2種，チュウトウゴキブリ（青木ら，1981）とフタホシモリゴキブリ（小松ら，2014）が認められ54種＋7亜種となった。さらに1種が2種を含む可能性のあるもの（オガサワラゴキブリ）や，近年ペットやペットの餌として輸入飼育されているもののほか，一時的に迷い込んだものもあり，気候の温暖化に伴い定着種が増加する可能性がある。

ゴキブリの大部分は野外性の種類で，屋内に侵入でき屋内で生活できる種類は限られる。これはゴキブリも他の多くの生物と同様に環境に応じて多様な種に分かれていることや，屋内に侵入できない方向に進化した種類がむしろ多いことを示している。水中や水辺を好む種類，湿った土壌やその周辺を好む種類，朽ち木の中に棲み，それを食べている種類，生の植物の葉の上を好む種類などがあり，それらに屋内で出会うことは，偶然の迷い入みか人為的持ち込み以外，まれであろう。

人間の屋内生活空間で出会う種類は，少なくとも一定の時間は，相対的に乾燥した空間でも活動できる種類で，人間と密着して暮らす種類は，食べ物も人間の生活との関係が深いと言える。もちろん，直接にしろ間接にしろ，水分摂取のチャンスは保証されなければならない。

2　屋内で見られる普通種６種

もっとも普通のゴキブリの種類の姿をシルエット的に示すと図2-1の通りである。いずれも背面が翅で覆われ，扁平な長楕円形の昆虫である。幼虫の形態は翅がない以外は，ほぼ同様の形をしている。

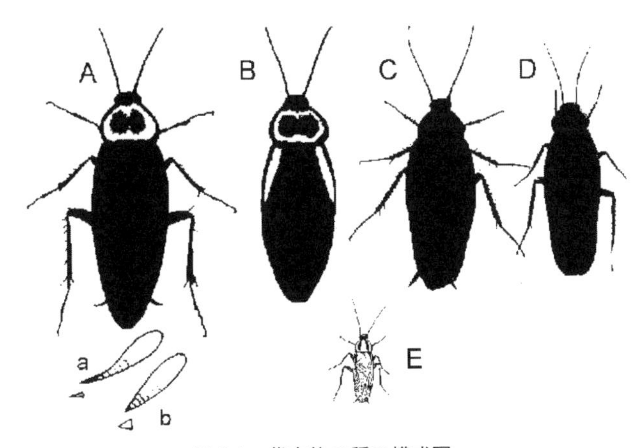

図2-1　代表的6種の模式図.
〔赤褐色種〕A：ワモンゴキブリ，B：コワモンゴキブリ
〔黒褐色種〕C：クロゴキブリ，D：ヤマトゴキブリ
〔黄褐色種〕E：チャバネゴキブリ
a：細い尾肢　ワモンゴキブリ
b：太い尾肢　トビイロゴキブリ，クロゴキブリ

3　日本の屋内ゴキブリ

日本で屋内に入り込めるゴキブリは，ヤマトゴキブリ，クロゴキブリ，ワモンゴキブリ，コワモンゴキブリ，トビイロゴキブリ，チャバネゴキブリ，キョウトゴキブリ，オガサワラゴキブリ（2種または2系統），イエゴキブリ，ハイイロゴキブリのほか，チャオビゴキブリが小笠原諸島（父島）に分布する。さらに近年チュウトウゴキブリ（＝トルキスタンゴキブリ）の定着報告が増加している（青木ら，1981；永田ら，1982；木村ら，2003；角野ら，2006）。これらの種類すべてが，日本国内のどの地方にも普通に棲息するわけではなく，地域や建物および施設によって，普通種と少ない種類，あるいは棲息しない種類がある。

ゴキブリといえば，日本の本州中部の一般家庭では，全体が黒い感じで大型の種類（温帯に棲むヤマトゴキブリ，クロゴキブリ）を思い浮かべる方が多いだろう。しかし沖縄以南の亜熱帯や熱帯で出会うのは全体が赤褐色の大型種で，そのなかには前胸背面に黄白色の斑紋があるものもある（ワモンゴキブリ，コワモンゴキブリなど）。

大型種の形はよく似ているが，産地により色彩が異なる種類に分化している。温帯に棲む種類が黒色を帯びているのは熱を吸収するのに適し，亜熱帯や熱帯に棲む種類がやや明るい赤褐色を帯びているのは，その必要性が少ないことを反映しているように思われて興味深い。そして前者の黒色種は寒さに強く，後者の赤褐色種は寒さに弱いのである。

小型の種類でも同様な傾向がみられ，暖かいビルや飲食店に棲み着く亜熱帯性の種類のチャバネゴキブリ幼虫は黄色斑が明瞭で，寒さに強い温帯性モリチャバネゴキブリの幼虫は暗色である。同様に温帯性のキョウトゴキブリ成虫はヤマトゴキブリを小型にしたような黒褐色である。

このように形状や性質の違う種類がそれぞれ適応した分布や棲息状況を示すので，屋内で発見したり製品に混入した個体の侵入経路や対策を考えるために，種類の判定が重要なのである。

4　国内各地域のゴキブリ分布

ゴキブリを発見した場合，通常その地域や場所に普通の種類であることが多い。まず，その地域に普通の種類かどうかを調べると調査は効率的に行える。その地域に普通な種類でないようであれば，遠方から持ち

表 2-1　日本産屋内ゴキブリ分布定着（概況）.

全国的な普通種	チャバネゴキブリ	暖かいビル，飲食店，工場
	クロゴキブリ	関東以西（木造住宅にも普通）
本州中部中心の普通種	ヤマトゴキブリ	本州中北部，北海道の一部
本州中部，九州北部	キョウトゴキブリ	局地的に発生
南西諸島（沖縄など）に普通	ワモンゴキブリ	沖縄では市街地性
（九州以北は温暖人工環境など）	コワモンゴキブリ	沖縄では農村に多い
南西諸島など南部地方	オガサワラゴキブリ	
	イエゴキブリ	
	ハイイロゴキブリ	
	チャオビゴキブリ	小笠原諸島父島に分布
全国の地下街施設など	トビイロゴキブリ	
関西，中部，中国地方の一部	チュウトウゴキブリ（＝トルキスタンゴキブリ）	

北海道にはゴキブリがいないのか？

チャバネゴキブリ

第二次大戦後間もないころ，北海道の人々のほとんどはゴキブリという言葉すら知らなかった。札幌でも人々はほとんど木造住宅に住んでおり，継続的な暖房効果が期待できる鉄筋コンクリートの建物は数ヶ所で，亜熱帯性のチャバネゴキブリがみられたのは，そのうちの2ヶ所のデパートだけだったという（服部，1991）。実はチャバネゴキブリについては本州でもほぼ同様で，大型のコンクリートビルや温熱効果の持続する工場施設，飲食店舗，地下街，などの発達により普通に大発生がみられるようになった。

クロゴキブリ

北海道の人々が本州中部以南の木造住宅に普通にみられる温帯性のクロゴキブリでさえも知らなかったのは，やはり北海道の越冬条件が厳しすぎ定着が困難なためといえよう。ちなみに，本州のクロゴキブリの多くは屋外で越冬し夏季に住居内に侵入するが，なんとか5℃前後での越冬が可能な本種（Tsuji & Mizuno, 1973; Tsuji, 1975; 辻・種池，1991）にとっても，北海道の屋外の冬はあまりにも厳しいと考えられる。

それでも，1960年代には札幌市より北方の砂川市と東方の釧路市から駆除の問い合わせがあり，発生家屋は当時珍しい鉄筋コンクリートのアパート式社宅で，移動と定着には本州系列の社員の転勤との関連が想像された。その後札幌市内でも同様なアパートや，歓楽街でもみられるようになったが，棲息するビルは限定されていた（服部，1991）。いずれも家屋環境がクロゴキブリの越冬と定着を可能にしたのであろう。

ヤマトゴキブリ

北海道の道南地方には，木造家屋にもかなり以前から棲み着いているヤマトゴキブリがいたようである。1960年以前，すでに江差保健所から屋内と庭先でみられる虫の駆除の相談を受けた服部氏は，ヤマトゴキブリであることを確認し，道南では木造家屋でも普通であることが判明した（服部，1991）。その後は道南以外に，札幌市，小樽市でも屋内だけでなく，公園，神社境内など野外でも報告がある（服部，1991；青山ら，2013）。

ヤマトゴキブリは東北から本州中部にかけて野外で越冬し屋内に侵入する種類なので，古くから道南の沿岸には分布していた可能性がある。しかし札幌など内陸部での分布は最近の気候の温暖化と関係がありそうだ。

込まれたものか，あるいは移動して来た別種の可能性を調べるとよい。日本の屋内で見られる主要な種類について，地方や場所別にゴキブリの分布定着の概略を表2-1に示す。

5　屋内種の見分け方

ゴキブリの種類を判断することが必要な場合を想定して，成虫の見分け方を表2-2に示す。まず成虫の体長(翅と触角を除いた体の長さ)によって，大中小の型に分け，その中で全体の色彩その他の記載を参照し，本書の巻頭口絵のカラー図版と各種の概説も参照していただきたい。通常，幼虫は翅がないが，成虫と同所的に棲息するので，トラップなどで同時に捕獲されることが多い。南西諸島に分布するイエゴキブリは成虫にも翅がない。

6　各種の概説

日本のゴキブリについて，ここでは最小限の説明として，筆者の文章(辻，2011)を再録し，不足分を加筆した。数値など類似データが多いものについては筆者自身のデータを用い，その他のデータについては若干の文献を参考とした程度なので，詳しく知りたい方は巻末の参考文献や別図表に記入した文献を参照していただきたい。

6-1　ヤマトゴキブリ(口絵Ⅰ-1, 3；Ⅱ-1, 11, 12；Ⅳ-1②)

学名：*Periplaneta japonica* Karny

英名：Japanese cockroach

形態：翅を含め全体黒褐色の大型種。雄はクロゴキブリに似るが細型，前胸背がやや小型，全体にツヤが少ない。雌は翅が短く，腹部の後半部が上から見える。幼虫はクロゴキブリと異なり，若齢幼虫の白斑がなく暗褐，中型～大型幼虫は黒褐色で，赤褐色を帯びないか，目立たない。

分布：東北地方から関東・中部日本にかけて屋外に普通の種類で屋内に侵入するが，西日本には少ない。外国では中国北部にも分布するので，

表 2-2　屋内ゴキブリ成虫の簡易区別表（辻, 1995 を改変）.

翅	およその体長	全体の色彩その他	種名(和名)
翅あり	小型 <18mm	・黄褐色　-前胸背に縦の黒すじ2本	チャバネゴキブリ
		・黒褐色　-雄の前翅前縁基部に黄白色部. 雌の多くは欠く	キョウトゴキブリ
翅あり	中型 18〜24mm	・暗褐色〜黒色　翅は黄褐色 -前胸背の前縁に黄色のふちどり	オガサワラゴキブリ
翅あり	大型 >25mm	・黒褐色〜黒色　前胸背に斑紋なし -翅は短く腹部の後ろ半分が見える　通常	ヤマトゴキブリ雌
		まれに	チュウトウゴキブリ雌
		-翅は長く腹部の端を越える -前胸背やや小さく凹凸あり全体にツヤがない	ヤマトゴキブリ雌
		-前胸背広く平らで, 全体にツヤがある	クロゴキブリ
		・赤褐色で前胸背に黄色斑紋あり -前翅の前縁(肩の部分)に黄色のすじあり	コワモンゴキブリ
		-前翅の前縁に黄色のすじはない -前胸背斑紋はリング状, 尾肢は細く, 末端節の長さは幅の2倍, 腹部背面(翅下)に白斑面なし	ワモンゴキブリ
		-前胸背斑紋は不明瞭, 尾肢は太く, 末端節長は幅の2倍以下, 腹部背面(翅下)に広い白斑面あり	トビイロゴキブリ
		-雌の腹端部は2つに大きく分かれて尖る	ワモンゴキブリ
		-雌の腹端部は切れ込みがある程度で, 大きく分かれず尖らない	トビイロゴキブリ
		・淡橙褐色の翅 (形はヤマトゴキブリに似る)	チュウトウゴキブリ雄
		・灰黄褐色	ハイイロゴキブリ
無翅の成虫	中型 20mm内外	・体全体にまだらの斑紋　前翅は退化し鱗状, 後翅を欠く	イエゴキブリ

北部温帯性のゴキブリといえる。近年ニューヨーク市で発見されて問題となった（Evangelista et al., 2014）。

周年経過：1世代足かけ2～3年におよび，長期間の発育経過を特徴とする。1齢以外の幼虫で越冬型の休眠に入る。大型幼虫（多くは終齢＝8齢）で越冬した幼虫は5～6月に成虫となり，5～8月に産卵する（成虫は数日ごとに尾端に卵鞘を突出した後1～2日以内に潜伏環境に産みつける）が，ほとんど晩秋までに死亡すると見られる。幼虫は6～9月に孵化し，早く孵化した幼虫は年内に大型幼虫となり越冬する。後で孵化した幼虫は若～中齢幼虫で越冬し，その大部分は次の年に大型幼虫でもう一度越冬する。卵（卵鞘）は寒冷に弱く越冬しないとみられる。

6-2 クロゴキブリ（口絵Ⅰ-2, 3；Ⅱ-2, 3, 10；Ⅳ-1①, 2）

学名：*Periplaneta fuliginosa*（Serville）

英名：smoky-brown cockroach

形態：ヤマトゴキブリに似るが，前胸背が大きく，全体にツヤがあり，雌も翅が長い。若齢幼虫の背面は黒地で中胸背に白帯を，第2腹節の両脇に白斑を示し，中型～大型幼虫は赤褐色を帯びる点でヤマトゴキブリ（暗黄褐色～黒褐色）と異なる。

分布：本州中部以南の屋外に普通で屋内に侵入するが，沖縄以南には分布しない。国外では台湾，北アメリカ南部，南米などに分布するので，ヤマトゴキブリよりも暖地性の温帯種といえる。

周年経過：ヤマトゴキブリと類似の幼虫休眠があり，長期間にわたる経過を示すが，卵（鞘）も寒冷に耐え，越冬が確認されている点が異なる。屋外での成虫の羽化時期はヤマトゴキブリよりやや遅い。成虫は25℃で200日前後生存し，この間20～30個の卵鞘を産む。成虫になってから最初の卵鞘を産むまでに30℃で10数日かかる。卵鞘は尾端から1日足らずではずされ，木材部分などに貼り付けられ，その上に成虫が噛み削った木くずなどを塗りつける。

6-3 ワモンゴキブリ（口絵Ⅰ-4, 8；Ⅱ-4, 13；Ⅳ-1③）

学名：*Periplaneta americana*（Linnaeus）

英名：American cockroach

形態：赤みがかった褐色の大型種で，背中（前胸背）には淡黄色のリング状斑紋がある。若齢幼虫は淡暗褐色で斑紋はないが，ヤマトゴキブリよりやや大型である。大型幼虫はクロゴキブリに似るが，尾肢が細く（乾燥状態と見る角度に注意），尾端の形態が異なる。

分布：アフリカ原産と言われる熱帯性種で，人工環境を含め現在は世界的な害虫である。熱帯・亜熱帯では屋外の棲息も目立つ。日本でも南西諸島以南に普通にみられるが，九州以北では温暖な地区，特定の高温環境にのみ定着がみられる。

周年経過：耐寒性に乏しく，寒さが厳しいと簡単に死亡するが，本州でも人工的温暖環境などで定着すると意外な大発生が認められる。特定の休眠ステージがなく，いろいろな発育段階の個体が混在しやすいが，かろうじて越冬する飼育条件下などでは産卵や孵化が阻止され，大型幼虫も羽化しにくく，冬には大型幼虫が多くなる。

成虫の寿命は100～700日と報告により幅が大きいが，温度の差によるものであろう。飼育条件で雌成虫の産む卵鞘数は60～80個が可能だが，実地生活での実現数は少ないだろう。成虫は羽化後1～2週間で最初の卵鞘を産み，引き続き4～6日間隔で産卵するが，少しでも低温（たとえば15℃）になると産めなくなる。

1卵鞘中に16個の卵があり，幼虫12～16匹が孵化する。卵期間は30℃で35～38日，27℃で39日，20℃で100日，15℃では孵化せず死亡する。

幼虫は27℃で9齢を経て105～161日で羽化するが，20℃では発育が遅くなるだけでなく，600日後でも大半が成虫にならず，終齢からさらに余分に脱皮した状態になる。この終齢幼虫は越冬休眠しているのではなく，5.5℃に移すと40日は耐えられず死亡する。発育の早いはずの若齢幼虫でも，15℃では100日たってもほとんど発育が進まない。

要するに熱帯性種の特徴として，温度次第の発育を行い，寒さが厳しければ死亡する。その代わり高温条件の場所で世代を繰り返し増殖するのである。

6-4 トビイロゴキブリ（口絵Ⅰ-6, 8；Ⅱ-5, 6, 8）

学名：*Periplaneta brunnea* Burmeister

英名：brown cockroach

形態：成虫はワモンゴキブリによく似た大型種であるが，前胸背の斑紋が明白でないこと，尾肢が太めであること（乾燥状態や見る角度に注意），腹部背面（翅で隠されている）に広いクリーム色の面があることで区別できる。若齢幼虫の背面にはクロゴキブリ同様の白帯や白斑があるが，その他が淡褐色，腹部背面がとくに淡色で，それだけ白斑がぼやけている。触角の白色部分の状況もクロゴキブリと異なる。大型幼虫はワモンゴキブリに似ているが，尾肢が太め，腹部第2節と6節の両背面の両脇に淡黄色半透明の斑紋状部分が見えること，前胸背と中胸背にごく淡い斑紋が見られることが多いなどで区別できる（死体の変色や乾燥状態では目立たない場合がある）。

分布：アフリカ原産とされ，ワモンゴキブリよりさらに熱帯性である。世界の熱帯・亜熱帯に分布，日本では全国に散発的に分布し，地下街，飲食店，動物園など加温区域に見られる。近年，定着頻度や個体数が増加し，大阪の地下街でもチャバネゴキブリの数に近い捕獲個体数が認められる一方，チャバネゴキブリとは棲み分ける傾向が報告されている（Imai, 2011）。

周年経過：寒さに弱く，本州の屋外では越冬できない。かろうじて越冬する飼育条件下などでは産卵や孵化が阻止され，大型幼虫も羽化しにくく，冬には大型幼虫ばかりとなる。発育期間が長期におよぶ点でワモンゴキブリと類似した経過をたどる。成虫は雌雄ともに200日以上生存（平均雄244日，雌219日），雌は30個以上の卵鞘を産み，卵鞘1個には24卵が含まれる，35～59日で孵化，幼虫は平均182日（雌）～192日（雄）で成虫になるという（緒方ら，1989）。

6-5　コワモンゴキブリ（口絵Ⅰ-5；Ⅱ-7, 9）

学名：*Periplaneta australasiae*（Fabricius）

英名：Australian cockroach

形態：成虫はワモンゴキブリに似た熱帯性種である。やや小型で，前翅の基部前縁に黄色のすじ紋がある点で明瞭に区別できる。前胸背のリング状の斑紋が明瞭濃厚な黄色である点も特徴である。若齢幼虫は白帯と白紋などトビイロゴキブリに似るが，体色はより濃厚で腹部背面も濃褐色である。しかしクロゴキブリほど黒くはない。中～大型幼虫の体の各節両縁に黄色の斑紋があり非常に目立つのでわかりやすい。

分布：アフリカ原産と推定され，世界の熱帯・亜熱帯に分布し，日本では沖縄，奄美，小笠原の各諸島など南部に分布する。九州以北の分布は温室など，温暖な人工施設で，なかでも熱帯植物のある環境が好まれている。

周年経過：ワモンゴキブリに似て，成虫期間 4～6 ヶ月，1 雌が 20～30 個の卵鞘を産み，1 卵鞘に 24 個の卵，約 16 匹の幼虫が孵化，幼虫は 6～12 ヶ月で羽化するという（Willis et al., 1958）。

6-6　チュウトウゴキブリ（＝トルキスタンゴキブリ）（口絵Ⅰ-7）

学名：*Blatta lateralis*（Walker）

英名：Turkestan cockroach

形態：雌雄成虫の形態が別種のように異なる。雄は弱々しく，ヤマトゴキブリの体をやや小型の黄褐色とし，翅をピンクがかった半透明淡褐色にしたような印象を与える。雌は黒褐色で翅が（ヤマトゴキブリの雌以上に）短縮し，腹部や後胸の背面が露出している。翅（前翅）の基部と腹部第 1 節の両側に黄褐色紋がある。他の大型種の脚先端の爪の間にある爪間盤が本種では退化し，滑面を登り難い種類である。

分布：本種は東北アフリカから中央アジアの乾燥地帯の野外と屋内に分布する亜熱帯種とみられる。アメリカへは軍の施設を経て侵入し，1978 年にはすで定着が見られた。都市部，下水網に見られるほか，屋外でも発見されている（田中，2003）。日本では 1980 年以降（青木ら，1981），近畿地方の港湾周辺などで散発的に記録され（木村ら，2003），2006年には愛知県の倉庫からも記録された（角野ら，2006）。今後各地での発見があり得るが，20℃でも卵が孵化せず，幼虫の成長も困難（今井，2008）など寒さに弱いので，侵入定着は人為的な温暖環境に依存すると予想される。

周年経過：日本では夏期に成虫と幼虫が混在して得られ，おそらく他の熱帯系ゴキブリ同様，特定の越冬休眠ステージを持たない。25℃の飼育結果（渡辺・永田，1983）では，成虫寿命は雄221日，雌249日，羽化後13〜18日から卵鞘40個を産下，1卵鞘から10幼虫孵化（木村ら，2003），卵期間36.1日（いずれも平均），幼虫期間（8齢が大部分）は135〜140日で，33℃での幼虫期間（今井，2008）は25℃での半分以下で，本種が高温に適した種であることを示している。

6-7 チャバネゴキブリ（口絵Ⅲ-1，Ⅳ-1④，3）

学名：*Blattella germanica*（Linnaeus）

英名：German cockroach

形態：翅や前胸背が薄茶色の小型種で，前胸背にある2本の縦すじが目立つ。孵化幼虫は体の両縁と中〜後胸背面中央が黄色のほかは黒色，4〜6（終）齢幼虫では中央の黄色部が前胸背の前縁まで達する。類似野外種のモリチャバネゴキブリの若齢幼虫では，この中央黄色部が暗色不明瞭で，5〜7（終）齢幼虫では消失する。

分布：アフリカ北部から東ヨーロッパを経て広まったとされるが（Cornwell, 1968），完全な家屋内常在害虫となっていて，原産地はわからない（朝比奈，1991）。人工的な温暖環境に棲息する世界共通の屋内害虫である。日本でも都会の飲食店，食品工場，オフィスビル，地下街，電車車内などに発生している。亜熱帯性と考えられるが，沖縄以南など南日本にむしろ確実な分布が少ない（朝比奈，1991）。

周年経過：寒さに弱く，加温の不十分な場所では冬期に死亡する。かろうじて越冬できる場所では，大型幼虫か成虫で越冬するが，それでも5.5℃40日間には耐えられない。15℃や20℃でも卵は孵化せず死亡する。20℃で幼虫はなんとか成長し，成虫も長期間生存するが，体内に大量の脂肪体を発達させるだけで卵を生産できない。だから，九州以北の暖房不十分な木造家屋では定着や増殖ができない。

成虫は25〜30℃で3〜5ヶ月生存し交尾産卵する。この間，雌は数回（5〜7回）の卵鞘産下を行う。しかし実地条件で高温期間が短い場合，この回数は実現しない。雌は成虫になって（羽化）後8〜10日後に最初の卵鞘を尾端に突き出す（一応産んだことになる）。この卵鞘をすぐには体から放さず，尾端に付着させたまま20日あまり過ごし，幼虫が孵化する時に尾端から放す。この間，卵は成虫の体から水分を得ている。この成虫は数日ないし10日後に次の卵鞘を突き出す。健全な卵鞘1個から約40匹の幼虫が孵化する。

幼虫は通常6回脱皮して成虫になるが，環境条件で7回の場合もあり，系統により5回の場合もあるようだ。幼虫は45日（27℃）や60日（25℃）で成虫になるので，年間2世代以上が重なり，発育の遅い大型ゴキブリに比べて大発生しやすい。

6-8 モリチャバネゴキブリ（野外種）（口絵Ⅲ-2）

学名：*Blattella nipponica* Asahina

形態：チャバネゴキブリと混同されやすいが，成虫は飛翔可能の野外種で，前胸背上2本の縦斑が太く，前後で内側に曲がり接近しているので区別できる。若齢幼虫では背面中央黄色部がチャバネゴキブリより不明瞭で，5〜7（終）齢幼虫では消失する。

分布：日本国内の関東以西にみられる野生種である。松やクヌギの林床などに棲息し，屋内家具などに定着しないが，時に付近の建物入り口などに侵入するので，工場などで警戒される。

周年経過：屋外の落葉下などで，6齢幼虫で越冬し，初夏に7齢を経て羽化する。チャバネゴキブリ同様に卵鞘を数回産むが，次世代の幼虫が成虫にならずに6齢幼虫で（休眠）越冬する（年1化性）のが原則のようである。幼虫を点灯（長日）条件で飼育すると，6齢幼虫から多数の成虫が羽化交尾し，雌が卵鞘を突出したが，その卵鞘からの幼虫孵化はほとんど見られなかった。

6-9 キョウトゴキブリ（口絵Ⅲ-3，Ⅳ-1⑤）

学名：*Asiablatta kyotoensis*（Asahina）

英名：Kyotoan cockroach

形態：小型で，黒いチャバネゴキブリか，ヤマトゴキブリ雄を小型にしたような，光沢に乏しい黒褐色のゴキブリである。サイズはチャバネゴキブリより大きい。雄の前翅の基部に近い前縁に黄白色条を示すが，雌では明瞭でないものが多い。幼虫は暗褐色である。

分布：日本の本州中部，九州北部のほか，韓国，中国で得られている。屋外性とみられるが，時に工場，市場，動物園の施設や住宅で問題となる。常に水が存在する環境に定着するようである。

周年経過：飼育観察では小型幼虫と大型幼虫の2群で越冬し，この大型幼虫が初夏に成虫となり，小型幼虫は大型幼虫となって再度越冬する。雌成虫は複数の卵鞘を産むが，卵鞘と成虫は越冬せず，ヤマトゴキブリと類似の周年経過と言える。

6-10 オガサワラゴキブリ（口絵Ⅲ-4）

学名：*Pycnoscelus surinamensis*（Linnaeus）

英名：Surinam cockroach

形態：中型で脚の短いずんぐり型。翅が黄褐色，前胸背はツヤのある黒褐色で，その前縁に黄色の縁取りがある。雌の翅は雄より短い。幼虫は背面全体が光沢のある黒褐色である。

分布：世界の熱帯・亜熱帯の平地に分布し，2系統あるいは2種が含まれているようである。一方はフロリダやオーストラリアなどで雌だけがいて単為生殖を続ける系統で，他方はハワイ，インドネシア，沖縄などに分布し雌雄がいて両生生殖を行う系統とされる。土壌表面の有機物の下などに棲み，屋内の土間に侵入する。日本の本州では温室内での棲息や観葉植物の鉢による持ち込みの例がある。

周年経過：冬季の気温が11℃以上の室内飼育で成虫や幼虫の越冬が認められているが，5〜6℃の条件には耐えられない。卵鞘はいったん雌成虫の尾端に現れるが，体内に引き込まれて成長し，成虫が孵化幼虫を生むことになる（卵胎生）。雌だけの系統で成虫生存は307日，3回卵鞘を生産し，卵鞘当たり孵化幼虫21，卵鞘（体内）期間35日，幼虫期間140日などが知られている（Willis et al., 1958）。

6-11 チャオビゴキブリ

学名：*Supella longipalpa*（Fabricius）

英名：brown-banded cockroach

形態：成虫のサイズはチャバネゴキブリ程度の小型種で，雄と雌の形態，色彩が異なる。全体の感じは雄が明色で細く長翅，雌は暗色で幅広く，やや短翅である。いずれも中胸背と後胸背の白帯が翅の上から透けて，白帯や白斑のように見える。

分布：赤道以北のアフリカの非森林地域の土着種で，屋外および屋内に発生し（Kevan et al., 1954），世界各地で害虫となっている。日本では小笠原諸島父島に定着していたが，近年東京の集合住宅で棲息が報告され（小松・内田，2011），高温の施設では侵入を警戒すべきである。米国では加温された室内の高所を好み，その場所では年間の大部分の平均温度が26.5℃程度で，年2世代発生しているという。チャバネゴキブリと異なり活発で飛翔し，厨房に限らず寝室や家具など活動範囲が広い。

周年経過：異なる発育段階で混在し，30℃での成虫の寿命は90日（雌），115日（雄），1雌が5〜18卵鞘を産下（尾端に突出後18時間で産下），40日で孵化，1卵鞘に16卵，12匹が孵化するという（Willis et al., 1958）。

6-12 イエゴキブリ

学名：*Neostylopyga rhombifolia*（Stoll）

形態：翅のない（前翅退化，後翅なし）黒と黄色の独特なまだら模様の種類。幼虫も同様の斑紋を示す。

分布：東洋熱帯種で奄美大島以南の諸島に見られ，屋内の食品を加害汚染する。

周年経過：1卵鞘から22匹孵化，27℃で成熟に雄は302日，雌は286日かかる（Willis et al., 1958）。

6-13 ハイイロゴキブリ

学名：*Nauphoeta cinerea*（Olivier）

英名：lobster cockroach

形態：くすんだ黄褐色で脚が短い。前胸背上にロブスター様の模様と両縁に太い黒条がある。

分布：熱帯の都市に見られ，日本では奄美，沖縄，宮古の諸島に分布。貿易港の倉庫などに見られることが多いという（朝比奈，1991）。

周年経過：偽卵胎生で卵鞘中に26～40卵がある（Truman, 1961）。雌成虫が卵鞘を腹嚢 から突き出すと幼虫が孵化し，幼虫は孵化すると胎膜を脱ぎ，それを卵鞘ともども摂食し，雌成虫の体や翅の下に1時間ほど隠れる。幼虫は30℃で雄72日，雌85日で成虫となる。脱皮回数は7～

ペットとしてのゴキブリ

屋内害虫としてのゴキブリのイメージが悪いのは当然であるが，99％以上を占める野外の種類の中にはペットして飼育され，インターネット映像中でも人気の高いものもある。それらの多くは，少年が愛するカブトムシのような「頑丈で」「格好よくて」「乾燥して汚れがなく」しかも「案外おとなしい」ゴキブリである。短足でヒゲの短いずんぐりむっくり型が多い。フニャフニャして脚が切れやすく，逃げまくるようなゴキブリではない。

人気の高いのはオオゴキブリ科に属する種類である。大型種の代表は体重が世界一の35 gに達するヨロイモグラゴキブリで，オーストラリア産，地中を掘ってトンネルを作り，中で枯れ葉を食べ，家族生活を送る種類だ。翅がなく，みるからに頑丈な褐色のよろい姿である。その他の大型種，マダカスカルゴキブリ類，メンガタゴキブリ（ドクロゴキブリ）類のほか，中～小型種もあり，ペットの爬虫類の餌として，ペットショップやインターネットを通じて販売されているものもある。

手の上にのせられなくても，写真撮影して鑑賞できるくらい美しいゴキブリもいる（鈴木，2005）。自然界では，気持ち悪いという先入観があっても，よく見ると美しいものや部分があるので，それはまた発見の驚きがあるとも言える。

8回，雌の産仔回数6，腹嚢内の保育期間は36日，卵鞘中の卵数は33などである（Willis et al., 1958）。

引用文献

青木　皐・渡辺登喜郎・永田健二・村松武男（1981）*Blatta laterlis* の国内棲息．衛生動物，32(2): 160.

青山修三・青山達哉・間瀬信継・佐々木均（2013）札幌市におけるヤマトゴキブリの初記録，Medical Entomology and Zoology, 64(4): 219-222.

朝比奈正二郎（1991）日本産ゴキブリ類．中山書店．253pp.

Cornwell, P. B. (1968) The cockroach Volum I, Hutchinson of London, 391pp.

Evangelista, D., Buss, L. and Ware, J. L. (2014) Using DNA barcodes to confirm the presence of a new invasive cockroach pest in New York City. Journal of Economic Entomology, 106(6): 2275-2279.

服部畦作（1991）北海道のゴキブリたち．安富和男（編）ゴキブリのはなし．技報堂出版．212pp. p.80-86.

Imai, K. (2011) Cockroach assemblages and habitat segregation in three sites in Osaka City, central Japan. Japanese Journal of Environmental Entomology and Zoology, 22(3): 139-45.

今井長兵衛（2008）外来種チュウトウゴキブリの幼生期発育の温度依存性．Medical Entomology and Zoology, 59(2): 116

Kevan, D. K. McE. and Chopard, L. (1954) Blattodea from Northern Kenya and Jubaland. Annals and Magazine of Natural History, 7(12): 166-187.

木村碩志・永野弘和・天田智久・有吉　立（2003）神戸で捕獲されたトルキスタンゴキブリ（新称 *Blatta* (*Shelfordella*) *lateralis* について．家屋害虫，25(2): 97-100.

小松謙之，川上　泰，坂西梓里 Oou, Hong-Kean,, 内田明彦（2014）冬期，鹿児島県下で採集されたゴキブリ類ならびに初記録種フタホシモリゴキブリ *Sigmella schenklingi*. ペストロジー，29(1): 1-6.

小松謙之・内田明彦（2011）チャオビゴキブリの *Supella longipalpa* の発生事例．第27回日本ペストロジー学会大会講演要旨．

永田健二・渡辺登喜郎・上原弘三・青木　皐（1982）各種殺虫剤のチュウトウゴキブリ（*Blatta lateralis*）に対する殺虫効力．衛生動物，33(4): 379-381.

緒方一喜・田中生男・安富和男（1989）ゴキブリと駆除．日本環境衛生センター．197pp.

角野智紀・齋藤はるか・市岡浩子（2006）愛知県におけるトルキスタンゴキブリ *Blatta lateralis* (Walker) の倉庫内での棲息状況．ペストロジー，21(1): 13-16.

鈴木知之（2005）ゴキブリだもん―美しきゴキブリの世界―．幻冬舎コミックス．143pp.

田中和夫（2003）トルキスタンゴキブリ *Blatta lateralis* (Walker, 1868) 覚え書き．家屋害虫，25(2): 101-106.

Truman, L.C. (1961) Lesson No. 6, Cockroaches. Pest Control, 29(6): 21-28.

Tsuji, H. (1975) Development of the smoky brown cockroach, *Periplaneta fuliginosa*, in relation to resistance to cold. Japanese Journal of Sanitary Zoology, 26: 1-6.

辻　英明（1995）ゴキブリ．日本家屋害虫学会編：家屋害虫辞典，井上書院，468pp. 105-120.

辻　英明（2011）屋内ゴキブリ・写真と参考データ．環境生物研究会．94pp.

Tsuji, H. and Mizuno, T. (1973) Effects of a low temperature on the survival and development of four species of cockroaches, *Blattella germanica*, *Periplaneta americana*, *P. fuliginosa*, and *P. japonica*, Japanese. Journal of Sanitary Zoology, 23: 185-194.

辻　英明・種池与一郎（1991）クロゴキブリ *Periplaneta fuliginosa* (Serville) とチャバネゴキブリ *Blarttella germanica* Linnaeus に対する低温の効果―特にクロゴキブリ幼虫の休眠消去について．環動昆，3(1): 7-14.

渡辺登喜郎・永田健二（1983）チュウトウゴキブリの生活史についての若干の知見．衛生動物，34(2): 156.

Willis, E. R., Riser, G. R and Roth, L. M. (1958) Observation on reproduction and development in cockroaches. Annals of Entomological Society of America, 51: 53-69.

Ⅲ. ゴキブリの生態学

生態的地位と種分化

1　生態系内の「種」

生物は「種」という個体の集まりで繁殖し生存している。現代の人類は生き物として「ヒト」ホモ・サピエンスという種名（種を示す名前）があり，いまのところ，日本人，アメリカ人，インド人など世界の人々は同じ種に属する生物である。ここで言う種とは“自然状態”で個体間の遺伝子の交流（結婚，交配，接合など）が可能で，代々同じ種の個体を生産し続ける個体の集まり（個体群）である。自然状態で自発的に交流しないか，あるいはできない2集団は別種と言えるだろう（人工的な交配や遺伝子操作を除外する）。ゴキブリ各種も，代々同じ種の子孫を生み続けて，物理環境や他種生物とのバランスを保ち生存している。

2　生活場所と生態的地位

生き物各種はどこに棲んでいるのか，そこで何をして生きているのかが定まっている。これは住所と職業にたとえられる。生態学では，住所にあたるものが生活場所（ハビタット，habitat），職業にあたるものが生態的地位（エコロジカル・ニッチ，ecological niche）である。ニッチは適所や一定の地位を示し，世俗的にはニッチ商品などと言って，隙間や穴場を示したりするが，必ずしも狭いことを示すわけではなく，他種と区別される役割範囲や広さを示す。

樹液，動植物の一部や遺体，ときには小昆虫などを捕食するとみられるクロゴキブリの示す柔軟で扁平な形態は，樹洞の中や樹皮下，落ち葉

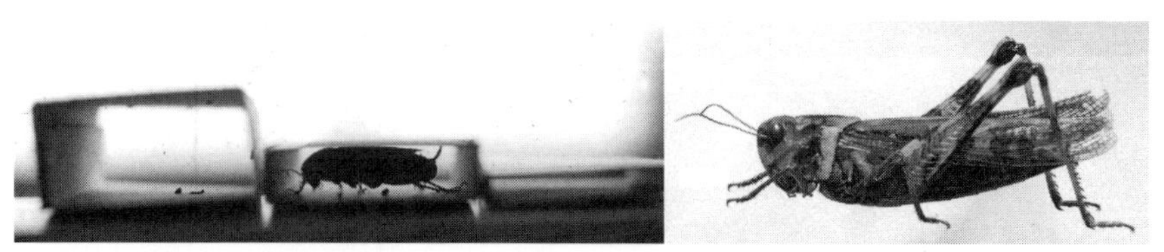

写真3-1　隙間に潜伏し走って逃げるクロゴキブリ（左）と，草間や地上から跳躍するクルマバッタモドキ（右）

や堆積物の狭い隙間に潜伏し，隙間を通り抜けて移動したり，逃走したりする忍者的な生活に適している（写真3-1）。潜伏できない開けた危険な場所を，6本の脚で疾走して危険を避けることもできる。

これに対し，食植性のバッタは餌の植物上や地表に棲み，主として生きた植物を食べ，危険が迫れば肥大した後脚を使ってジャンプして逃走する（捕食性のものもある）。

3　ゴキブリの仲間でも分布，生活場所，ニッチが異なる

同じゴキブリ類でも人家に侵入できるゴキブリと，できないゴキブリとは明らかにニッチが異なり，後者の種類が圧倒的に多く，家屋の中に姿を見せるゴキブリの種類は限られている。後者には，もっぱら湿度の高い土壌周辺に棲む種類，朽木の中に棲む種類，幼虫が水中に棲む種類，樹木の葉の上に棲む種類など，生活場所や餌の相違がある。

通常われわれがゴキブリと呼ぶ，屋内に侵入できるゴキブリの中でも，大型で湿度の高い場所を好むクロゴキブリ，ヤマトゴキブリ，ワモンゴキブリ，トビイロゴキブリなどと，比較的乾燥した場所にも出没する小型種のチャバネゴキブリとは，生活場所やニッチのずれがある。

また，屋内侵入性のゴキブリには，温帯の屋外で越冬できる耐寒性の種類（クロゴキブリ，ヤマトゴキブリ，キョウトゴキブリ）と，それが不可能な熱帯・亜熱帯性の種類（ワモンゴキブリ，トビイロゴキブリ，コワモンゴキブリ，チャバネゴキブリ）があり，地理的分布や棲息区域が異なる。

熱帯・亜熱帯性のゴキブリは，温帯地域でも特定の人工環境をニッチとして侵入し定着している。すなわち，冬でも温度が高く保たれる建物や施設で，しかも暖かい部位に接近して常に飲み水と餌が存在する場所である。このような場所は食品工場，飲食店舗（特にビルや地下街），動植物用の温室，オフィスビルの給湯室，温泉やサウナ設備などに多く見られるニッチである。

逆に，温帯性のクロゴキブリなどは越冬前に休眠に入り，休眠を終了

して成虫となるためには冬季の寒冷に一定期間保たれる必要があるため（当然その間は耐寒性がある），継続的な高温度条件下では成虫になり難い。これは熱帯・亜熱帯性の種類に比べて圧倒的に不利な増殖条件である。そのため沖縄以南の南西諸島にはクロゴキブリは分布せず，その代わりにワモンゴキブリが繁殖している。

4 生物多様性と棲み分け

前述のように，ゴキブリも他の生物と同様に，地理的分布，棲息場所，自らのニッチ，それに伴う耐寒性，発育経過などに多様性を示している。また特定の種類の植物を食べるチョウ類幼虫や，甲虫のハムシやマダラテントウムシ類ほど決定的ではないが，屋内ゴキブリに限ってみても，種によって食べ物にも若干の相違が見られ，たとえばクロゴキブリやコワモンゴキブリは生の植物をも食べる傾向があり，チャバネゴキブリとはやや異なる。

このような多様性は，環境の多様性に対応した生物の「種」の多様性である。こうした環境と生物の関係が安定した環境区域（生態系）の中で類似種を比べると，一つのニッチを一種が優勢に利用している傾向があり，いわゆる棲み分け現象が認められる。しかし，同一や類似したニッチを要求する別種が外部から侵入したり接近しすぎると，2種の間に競争関係が発生して，一方が増加すると他方が減少し，極端な場合は駆逐される。植物の在来タンポポがセイヨウタンポポに追われるような状態である。

ゴキブリについて言えば，東京都内の公園（屋外）において，在来種のヤマトゴキブリの棲息区域が，外来種とみられるクロゴキブリの侵入によって次第に圧迫されつつある傾向が認められる。

5 種の多様性の原動力

地球上における生物の多様性は「種」の多様性，すなわち「種」の数の多いことを示す。「種」はそれぞれがニッチを占めているので，種の多様性はニッチの多様性，すなわち環境が複雑多様であることを示す。

今日，無数の種類の生物が存在するから，ゴキブリもそれなりの種類数がいても当然である。化石として残る，固形でそれなりのサイズの生物の種類だけみても，数え切れないほどの種類の生物が出現し，変化する環境の中でニッチを失って絶滅していったことは明らかだ。その間，新しいニッチに適応した種類が出現し，既存の種類も姿や生活態度を適応的に変化（進化）させて生き残ったからこそ，今日の種の多様性がある。ゴキブリ類は3億年の昔から今日に近い姿で棲息していたが，それなりの変化も示している。たとえば，太古の時代の雌はキリギリスの様な長い産卵管をもっていたが，今はない。

だが既存の種が変化するだけでは種類数が増加することはできない。その種は進化して昔と違う姿になったとしても，種の数が増えたことにはならない。種数が増加するためには，さらに加えて新しい別種ができなければならない。われわれは通常それを「種の分化」と称し，昔からの種から新しい類似種が「枝分かれ」したと理解されてきた。つまり1種が2種かそれ以上になるのである。

一方，枝分かれから近しい関係の2種は非常によく似た形態と考えられており，たとえば素人では見分けがつかないようなチャバネゴキブリとオキナワチャバネゴキブリ，モリチャバネゴキブリのような関係がそれである（写真3-2）。クロゴキブリとヤマトゴキブリの雄同士や，ワモンゴキブリとトビイロゴキブリの関係も一般の人々には見分けにくい。

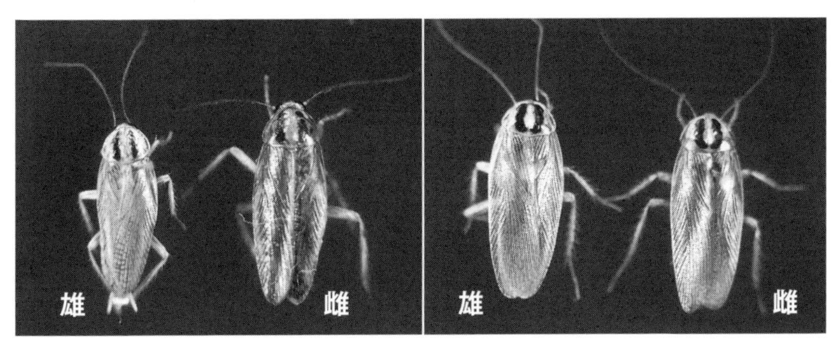

写真3-2　近縁な2種類のゴキブリ
左：チャバネゴキブリ／右：モリチャバネゴキブリ

6　枝分かれ（種の分化）はどうして起こるか

種の分化については，①「生物がいろいろな方向に進化し（適応し），互いに異なる形態になり，異なる種となった」ように説明されたり，②「それは，1種の生物が海や山で複数の群に分割され，各群が長年隔離されている間に変異が生じ，別種になる」とされていたりするが，これらは種の枝分かれの説明とはなっていない。

①では形の変化と適応を説明しているが，1種から互いに遺伝子の交流をしない2種となるプロセスの説明が抜けているのである。そもそも，同じ行動範囲にいて交配や結婚を行う間は，個体同士互いの類似性が保たれ，適者生存によって形態が同じ方向に変化（進化）することはあっても，異なる方向の2群にはならないはずである。

②では行動範囲が隔離されているので，2区域の各群が異なる方向に変化することは十分ある。実際同じ種類でも地域が異なれば地域ごとに適応した変異を示すだろう。しかし，その程度の地理的変異を示す2群の実例（地理的亜種などと呼ばれる）は数多いが，長年分割された地理的関係であっても別種となっていないのが通例で，調べてみると交配が可能のままである。それ以上長年の分割が必要だとすると，地球上の海や山岳による棲息域の分割の頻度や年数が少なすぎて，現存の，あるいは絶滅した種数の多さをとても説明できないのである。

そもそも，隔離された2群が互いに別種になるためには，少なくとも一方の群が自分たちの地域で別種にならなければならない。しかし，その1群が1匹残らず一気に別種に変異するだろうか？　もし変異するなら，むしろ一部が別種となり，それが増えて以前の種を駆逐するか，あるいは棲み分ける状態となるのが自然ではないだろうか。もしそうなら，地理的隔離なしでよいということになり，その説明が必要になる。

7　種分化の物質的基礎

1984年，筆者は「もし，わずかな変異で，従来の系統と遺伝的交流（つまり交配）が行われず，自分たちだけで交流の成立する雌雄（または2

個体）が生じ，子孫がその性質を保てば，地理的隔離なしで新種が生まれるだろう」，また「結局，種の分化機構の中心問題は，不妊や不交尾など遺伝的交流の不能化をもたらす変異の内容と，その分子遺伝学的裏付けである」と述べた（辻，1984, 2004; Tsuji, 2013)。

具体的には以下の例のような種分化要素の突然変異が想定されるのである。

イ）同種と認めさせる性フェロモンの分子構造と相手の感受器の分子構造（ゴキブリその他の雌のフェロモンの構造・構成と，雄の触角の感受部分の膜や酵素の分子構造)。

ロ）交尾産卵空間の決定要因，たとえば誘引する植物成分に対する感受器の分子構造（植物の誘引成分と生物側の感受分子。環境因子と感受細胞の分子構造)。

ハ）同種と認めさせる発音音声と対応する聴覚器の感受分子の構造（雄の発音と雌の感受性。カンタンより僅かに低い声で鳴くコガタカンタンなど)。

ニ）同種と認めさせる視覚マーカー（色，パターンなど）と感受器（特定のマーカーに反応して種類を区別する魚など)。

ホ）その他，個体同士の融合や遺伝子交流を可能としている信号の物質的基礎。

これらから発信される信号の僅かな変異と，それを感受する感受器（レセプター）の僅かな変異の組み合わせで，従来の種とは異なる遺伝子の交流集団，すなわち別種個体群を形成することができる。そして，この変異は，生物の発信部分と受信部分の物質的基礎，すなわち分子構造の僅かな変異で発生する。したがって，その合成に関与する酵素の変異が原因であり，その酵素の構造を決定するＤＮＡ（遺伝子）の僅かな突然変異によって可能であると考えられる。このような僅かなＤＮＡの突然変異は，個体群の地理的隔離の必要性もなく，しかも高頻度で起こり得るので，現実の種の多様性を十分説明できるものである。

もちろん，枝分かれした新しい個体群（個体の集まり）がそのまま生き残るわけではない。さらに一定の生態学的プロセスが必要である。まずある程度の個体数が存在しなければ，変異個体数が少なすぎて同種個体を見つけられず増殖できない。しかし，僅かな突然変異であるほど，起こるべくして起こる傾向があり，同様な変異個体の雌雄1対が高頻度で成立することが期待できる。しかも，昆虫のように1個体が多数の子孫を生む場合は，1対の交配が成立すると，同じ変異個体が多数生まれることになり，とりあえず基礎集団ができやすいはずである。

8　種分化が先，進化はあと

さらに重要なことは，この新種個体のグループ（個体群）は，旧種個体のグループ（個体群）と交配しないが，その他の性質は旧種個体群とほとんど相違がなく，極端なマーカー変異を示した場合以外は，われわれの見た目には新旧の区別がつかないだろう。したがって，新種が交配や産卵の場所としての植物を変更した場合以外は，当初は見分けのつかない2種が混在することになる。

ある環境内に棲む1種類の昆虫（生物）の数は年々変動するが，無限には増加せず，ある範囲内の数を示すのが現実である。上記のような変異の結果，区別できないが交配しない2群（種）が同じ環境に生じた場合，両者の要求は当面同じであるから，従来1種に許された棲息個体数を新旧2種で分け合わねばならない。両者の数の比率はどうなるのか。単純な環境では競争が激しくなり，偶然あるいは僅かの変異で有利となった方が生き残り，他方が絶滅することも起こる。複雑な環境では，互いに棲み分ける方向への変異個体が生き残り，次第に2種の区別が明らかになってくると予想される。

つまり，種分化要素の突然変異によって，まず見分けのつかない種分化が起こり，新旧2種間の競争の結果，他種と競争の少ない環境への適応的変化（棲み分け）に成功し，外形の変化を伴って生存するのが進化であって，進化の結果として種分化が起こるのではないと言えよう。

一方，同種内でも常に競争ないし選択生存があり，それは当面の環境で種を強化するのに役立っている。

気候適応と生活史

1　原産地の気候に適応

第Ⅱ部の「各種の概説」でも触れたように，屋内に棲むゴキブリでも種類によって地理的分布，棲みつく建物や施設の種類に特徴がある。それは各種類の温度に対する好み，寒さや暑さに対する耐性に関係があり，大局的には原産地が熱帯か温帯かに対応した適応と言える。ゴキブリ4種の各ステージを冷蔵庫に保存した場合の生存状態は図3-1の通りで，ヤマトゴキブリとクロゴキブリのように寒さに強い種類と，チャバネゴキブリとワモンゴキブリのように寒さに弱い種類とに分けられる。

2　温帯性ゴキブリは寒さに強い

本州東北地方から本州中部地方まで多くみられるヤマトゴキブリ，本州中部から西部や四国九州に多いクロゴキブリおよび，それほど普通で

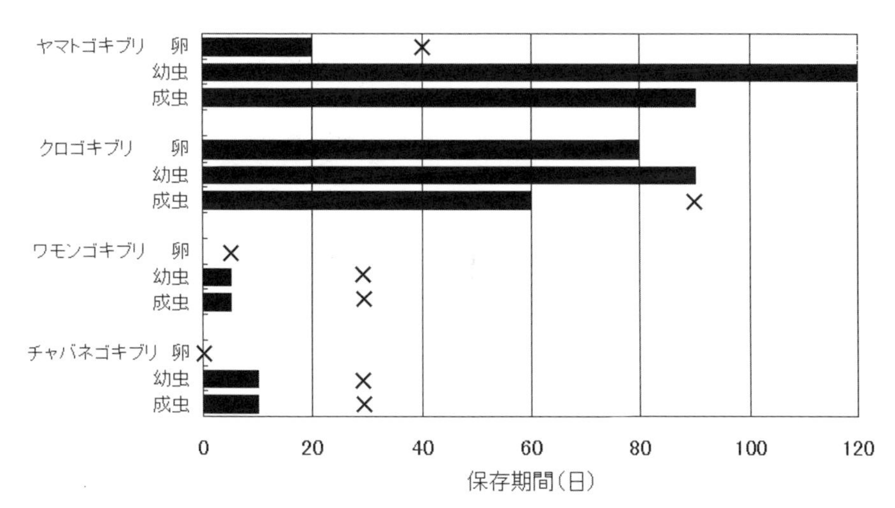

図3-1　冷蔵庫（5.5℃）に保存したゴキブリの生存確認期間（Tsuji & Mizuno. 1973から作図）：15℃で馴化させた後に冷蔵．×：全滅していた日．×なし：一部生存中に打ち切り．チャバネの卵は馴化40日で死亡．ワモンの卵は40日馴化後5日冷蔵でチェック．ヤマトとクロの幼虫は休眠幼虫．ヤマトの成虫は寒さに強いが，野外では幼虫で休眠．

はないが本州中部や九州で知られるキョウトゴキブリは温帯性のゴキブリで，いずれも幼虫で屋外越冬に適した休眠に入るほか，クロゴキブリの卵の越冬も確認されている。

冬の寒さのために休眠するのではなく，まだ暖かい時期に若干の温度変化や日長の短縮に反応して休眠に入り，休眠に入ったゴキブリは寒さに強くなっている。すなわち，それ以後にやってくる冬の寒さに対して備えているのである。

これらの種類は，夏期における屋外から屋内への侵入が普通と言える。もちろん屋内でも屋外と類似の条件で越冬が見られる。

3 温帯性ゴキブリの周年経過の特徴（図 3-2, 3）

前述の温帯性ゴキブリ３種は幼虫で越冬休眠するが，それは成虫となる直前の大型幼虫群と比較的小型の幼虫群とが主体である。越冬休眠は冬に休眠に入るのではない。夏や秋に幼虫で休眠に入り，冬の寒さに耐えるが，むしろ寒さが休眠を消去するのに役立ち，必要なものなのである。そして，春から初夏にかけて一斉に発育を再開する。したがって，越冬する成虫はほとんど無く，越冬した大型幼虫が春から初夏にかけて発育を再開し，5～6 月に一斉に成虫となる。この大型幼虫の休眠が成虫の羽化を揃えるのに役立つのが温帯性ゴキブリの特徴である。

これらの種類は幼虫の発育速度が遅いので，越冬した小型幼虫の多くは年内に成虫になることなく大型幼虫となって休眠する。すなわち２度目の休眠に入る。クロゴキブリは卵でも越冬が認められ，孵化幼虫は中型ないし大型幼虫で２度目の越冬をすることになる。

このような面倒な経過を示している理由は，やはり冬を越え，交尾時期や発育時期を揃えるための適応と言える。そのかわり，冬のない地域では休眠の消去が困難で，成虫になりにくく，増殖が遅れ，休眠のない種類に比べて不利となる。クロゴキブリが徳之島や沖縄本島以南に棲息していない理由は，休眠せずに増殖するワモンゴキブリなどとの増殖の競争に勝てないからであろう。

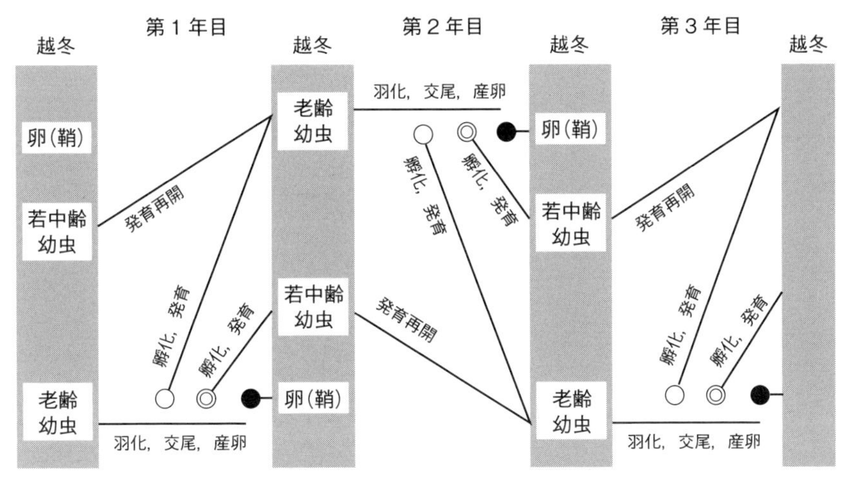

図 3-2　ヤマトゴキブリの周年経過（辻・種池，1990 を改変）

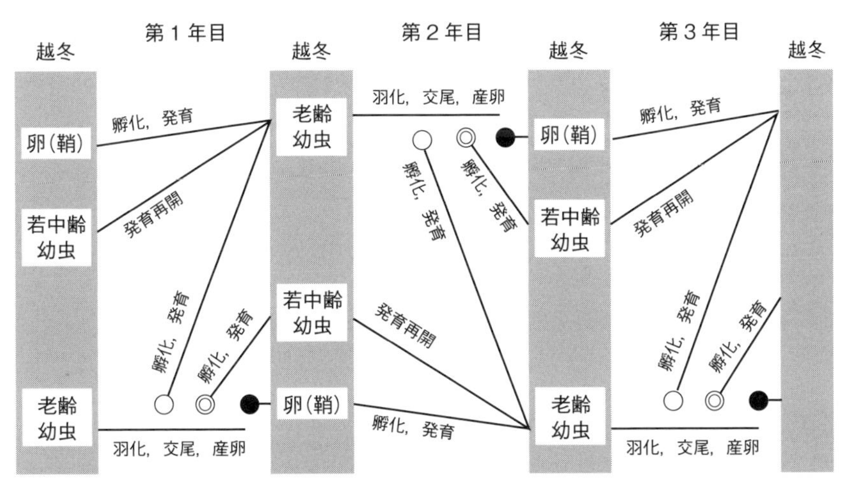

図 3-3　クロゴキブリの周年経過（ヤマトゴキブリに類似，卵でも越冬）

4　熱帯性ゴキブリは寒さに弱い

熱帯性あるいは亜熱帯性の種類は，日本では温暖な施設や地域だけにみられ，冬季の温度では生存できないと言える。チャバネゴキブリ，ワモンゴキブリ，トビイロゴキブリ，オガサワラゴキブリ，チュウトウゴキブリでは実験的にも低温条件下での生存不能のデータも示され，コワモンゴキブリ，チャオビゴキブリも同様と考えられる。

5　熱帯性や亜熱帯性種の周年経過

これらの種類は越冬休眠の準備がない種類である。環境温度が低下するほど卵や幼虫の成長と成虫の産卵が抑制され停止に至るが，それは越冬休眠とは言えない。さらに日本の冬季の温度まで低下すると死んでしまうからである。したがって，これらの種類は九州以北では越冬できる温暖な施設にだけ定着できている。

小型で発育速度の速いチャバネゴキブリは年内に2世代以上繰り返し，定着した施設では大発生しやすい。大型種のワモンゴキブリやトビイロゴキブリなどは発育速度が遅いので年内に成虫になりにくいが，休眠することがないので連続的に高温の環境では意外に多数の発生が観察されている。

6　冬のチャバネゴキブリ

チャバネゴキブリの防除は冬が最適である。初夏から秋まで広い範囲に出現し，激しく増殖するチャバネゴキブリも，寒さには非常に弱いので，広い建物や施設の中で，冬でも生存している場所は暖かい場所に限定されている。彼らが進んで選ぶ場所は21～33℃の温度範囲，特に25～30℃の範囲にある(Gunn, 1935)。チャバネゴキブリは休眠しないので，冬でも通常はこの温度範囲の場所を選ぶ。特に隠れて休息している場合は当然である。実際，冬の昼間に隠れているチャバネゴキブリを探すと，そのように暖かい場所にいるので，駆除作業を集中的に行うことができる。

7　チャバネゴキブリの活動範囲

ならば，冬でもチャバネゴキブリがいる施設で，その活動範囲が21～33℃の区域に限られるかというと，そうではない。厳寒期の床上や棚上に粘着トラップを置き，その場所の温度と捕獲されるチャバネゴキブリの数を調べると，予想に反して，5～10℃という低い温度でも多くのゴキブリが捕獲される場所があり，活動可能あるいは活動に適した15～25℃でもほとんど捕獲されない場所もある。

重要な事実は，トラップを設置した時や回収した時（昼間）には，付近で活動しているゴキブリの姿はまれで，皆どこかに隠れているということである。だからトラップの粘着面に捕らえられていたゴキブリの大部分は，昼間の隠れ場所から夜間に出てきて付着したものである。

チャバネゴキブリには休眠がないので，冬でも食べることや水を飲む

チャバネゴキブリが屋内環境を好む原因

Roth（1970）はチャバネゴキブリ *B. germanica* と近縁種6種（*B. bisignata*, *B. lituricollis*（＝ヒメチャバネゴキブリ），*B. sauteri*, *B. roederi*, *B. humberitiana*, および *B. lobiventris* との交配を試みているが，いずれも不成功だった。チャバネゴキブリの雄は *B. bisignata* と一度だけ交尾し，後者の雄がチャバネゴキブリの雌と一度だけ交尾したが，どちらの場合も子孫は得られなかった。

しかし，オキナワチャバネゴキブリ（*B. asahinai*）の雄は実験室内でチャバネゴキブリ（*B. germanica*）の雌と容易に交配し，F_1 世代を生じ，F_1 世代は F_2 世代を産んだ。両種の雄雌の組合せを逆にして，チャバネゴキブリ側を雄にすると次世代を得ることはできなかった。（Patterson et al., 1986）。

これらの結果は，もっぱら屋内を好むように見え飛翔しないチャバネゴキブリと，屋外に棲息して飛翔するオキナワチャバネゴキブリが，非常に近縁な種類であることを示している（Roth, 1986）。通常自然状態では遭遇せず，実験室で人為的に遭遇した時に変則的な交配を示す両種の種分化は，棲息環境の選び方の異なる変異個体の発生による生殖隔離が，フェロモンなどによる種認識の変異よりも先行，あるいは強く働いた結果ではないかと考えられる。植物を食べるテントウムシ類でも，通常は異なる食草に棲息するが，人為的に遭遇させれば交配する2群の例が知られている。

ことをやめることができない。だから，暖かい場所に隠れていても，隠れ場所に餌や水がなければ，寒くてもごく近くの餌場や水場に出かける。そして，この時トラップにかかるのである。逆に，近くに餌や水のない場所は，暖かくても適当な隠れ場所とならないため，場所によっては暖かくてもトラップにかからないわけである。

8 冬でも食べて帰れる

チャバネゴキブリは，潜伏休息と外部活動（餌食べ，水飲み，交尾）を，主として昼と夜に分けて行っているが，外部活動を必ずしも長時間行うわけではない。たとえば餌が簡単に見つかる場合は，夏では10～20分間で十分に食べ終わり，交尾活動以外は隠れ場所に帰る（満腹すれば帰るのは，他のゴキブリでも同様である）。

チャバネゴキブリの幼虫も成虫も，連続15℃では発育がほとんど止まるが，1齢幼虫は22%，2齢以上の幼虫と成虫は70%以上が100日間生存し，餌や水の摂取が可能である（Tsuji & Mizuno, 1972）。暖かい隠れ場所からゴキブリを追い出して8～10℃の床に落としても，しばらくはあわてて歩き回り，やがて近くの隠れ場所に帰る。だから，冬には暖かい潜伏場所に隠れていて，空腹時には，ごく近距離の範囲で摂食や水飲みを行い，身体が冷えきらないうちに暖かい隠れ場所に戻ることは可能と言える。

実際，温度が低いのにゴキブリが捕獲された場所では，そのトラップから10～30㎝の至近距離に潜伏可能な熱源があり，しかも50㎝以内にこぼれ落ちた餌や水が認められる。逆に温度が高いのにゴキブリの捕獲数が少ない場所は，50㎝以内に餌や水が存在しないか，付近があまりにも高温であるという状況である。

チャバネゴキブリでは，冬は，限定された暖かい隠れ場所にベイト剤をしかけることで，確実にそれを食べさせる絶好のチャンスといえる。寒さに弱いワモンゴキブリやその他のゴキブリについても，チャバネゴキブリと同様のことが言えよう。

写真 3-4　図 3-3 の調査の結果得られたヤマトゴキブリの幼虫

写真 3-3　新潟県柏崎市屋外で越冬中のヤマトゴキブリ幼虫を発見（田原・小林，1971），1973 年に再調査（前面後ろ向きが田原氏）

9　冬のヤマトゴキブリとクロゴキブリ

クロゴキブリやヤマトゴキブリは温帯性ゴキブリで寒さに強く，暖房がなくても越冬でき，むしろ屋外の生活に適している。両種とも夏から大型幼虫のまま冬を待つ性質と，秋から小型幼虫のまま冬を待つ性質があり，このような発育休止を越冬休眠と言う。クロゴキブリは卵でも床下や屋根裏で冬を越す性質があり，これも休眠状態と思われる。

越冬中の幼虫は潜伏したままで発見しにくく，樹木の洞穴の隙間，樹皮下，木片の堆積下，小屋の壁の中などで大型幼虫が見つかることがある（写真 3-3, 4）。幼虫は春から初夏にかけて活動を再開する。東京都内でも夜間公園などの木の幹や地上で大型幼虫を発見でき，ヤマトゴキブリは 5 月から，クロゴキブリは 6 月から成虫の羽化と活動が観察できる。

10　屋外のクロゴキブリとヤマトゴキブリ

両種の幼虫は発育速度が遅いので，越冬した小型～中型幼虫は大型幼虫まで発育してからもう一度越冬することになる。また，越冬したクロゴキブリの卵は 5 月上旬から 6 月中旬に孵化して，孵化幼虫は越冬した小型幼虫と同様にもう一度大型幼虫として越冬することになる。

初夏に羽化した成虫は秋まで生存し，卵の入ったがま口型のケース（卵鞘）を数日～十数日毎に何回も産みつづけ，それぞれが1ヶ月前後かかって，あるいは越冬後，孵化するので，大小ばらばらの大きさの幼虫が存在することになる。ゴキブリにみられる休眠は，冬になる前に（夏から秋にかけて）幼虫の（クロゴキブリの卵も）発育を足踏みさせてサイズを揃えさせ，結局は越冬前に大型幼虫となり，翌年の夏にそろって成虫となるためのしかけである。

11 屋内への侵入とベイト剤設置

チャバネゴキブリと異なり，クロゴキブリとヤマトゴキブリは屋外で越冬可能なので，屋内の潜伏場所でも寒い時期には動かずに越冬している。冬にはゴキブリの活動がみられない一般家庭では，餌をよく食べる初夏からの活動時期に，潜伏場所や出現場所（経路）を特定してベイト剤を施用するのが有効である。

屋外のクロゴキブリやヤマトゴキブリは毎年屋内に侵入するので，屋内発生だけを考えて防除を行うのではなく，侵入経路を考えた駆除が重要だ。家屋周辺の溝やピットの内壁や，家屋内でも戸口近くに殺虫成分入りの餌（ベイト剤）を設置する。もちろん子供やペットが触れたり食べたりしないような装置や配置が必要であり，市販品はそのように配慮されたケースに入っている。

もっとも，大型ゴキブリは歩行速度が速く行動範囲が広いので，厨房，風呂場，洗濯場，トイレなど水周りの近くにベイト剤を常時設置しておくだけでも，比較的早期にそれを発見して食べるのも事実である。また，盛夏の高温時には成虫が活発に飛翔するので，二階や三階にも飛来侵入のチャンスがある。

12　クロゴキブリにだまされた話

12-1　講演会場で

チャバネゴキブリの集合フェロモンの存在を初めて指摘された京都大学の石井象二郎先生が，当時の学会発表かシンポジウム講演の壇上から，突然，広い会場内の筆者に向かって「京大ではクロゴキブリの幼虫が発育途中に病気になり，いつまでも成虫になりません。なぜでしょうね。(三共株式会社の研究所（当時の）の）辻さんのところでは(学会報告によると）100日ぐらいで成虫になってますね。どんな飼い方ですか？」と話しかけられたので，「チャバネゴキブリと同様で，先生と変わりません。健康そうな個体を差し上げましょう」とお答えし，後日持参したことがあった。

12-2　野外のクロゴキブリ

それから十数年後，私も野外で新たに採れたクロゴキブリの成虫に卵を産ませ，孵化幼虫を飼育して愕然とした。この新参の幼虫は以前から飼育を続けている幼虫より早く大型幼虫になったが，いつの間にか逆転し，従来からの飼育群の幼虫が早々と成虫になったのである。しかも，新参幼虫はその後100日以上大型幼虫のままで成虫にならなかった。

これは，その10年ほど前にヤマトゴキブリで発見した現象，すなわちゴキブリでは初めて発見された休眠現象（発育の足踏み）と同じ現象だった。実際，休眠状態の大型幼虫は冷蔵によって休眠が打破される点もヤマトゴキブリと同じであった。つまり，越冬してから翌年成虫になる仕掛けだった。天然自然のクロゴキブリがなかなか成虫にならないのは，病気ではなく，正常な休眠の発育経過だったのである。

12-3　累代飼育のクロゴキブリ

成虫の入手を急ぐ会社内の飼育では，冷蔵しなくても早く羽化する休眠性の少ない個体の子孫を10年以上にわたって選ぶ結果となり，100日ほどで成虫となる系統を作りあげていたことになる。加えて，ゴキブリは暖地性で休眠性がないという昔からの間違った先入観に災いされていたのである。その前提でのゴキブリの生活史をコンピューターでシミュレーションする学会発表に，大勢の人々が集まった時期もあった。この先入観はヤマトゴキブリの休眠発見で打ち破られていたにもかかわらず，クロゴキブリについて認識が遅れたことは恥ずかしいことだったが，かろうじて自分で確認できたことで安堵したものである。

12-4 累代飼育は家畜化

同様な過ちは飼育昆虫では起こりがちである。若いころ学位論文としたノシメマダラメイガの休眠の研究でも，休眠すべき条件なのに休眠しなくなり慌てた経験がある。その時も，それを逆用して休眠性のある系統とない系統との比較実験を行い，休眠の役割を実験的に証明し，かろうじて怪我の功名としたものである。

要するに，代々飼い続けた昆虫は，天然自然の昆虫ではないことを，肝に銘じておく必要がある。

ゴキブリ類の休眠

1　昆虫の休眠

環境に大きな変化がある地域では，食べ物がない時期や悪条件で生活できない時期を休眠して過ごす種類が多くみられる。冬を過ごす越冬休眠はもっとも普通で，その間は摂食，発育，生殖などを停止し，しかも死亡せず，冬が終わると発育や活動を再開する。その時に餌などの状況に都合がよいように，休眠するステージが決まっている場合が多い。たとえば，カイコ，マイマイガ，ヒトスジシマカは卵で，ノシメマダラメイガ，タバコシバンムシは終齢幼虫で，モンシロチョウやアゲハチョウは蛹で，コクヌストモドキ，クサギカメムシは成虫でなどである。つまり，種によって越冬ステージが決まっていて，そろって越冬し，春にはそろって発育あるいは繁殖を再開することになる。

注目すべきは，昆虫は餌がないとか寒いなど都合が悪くなってから休眠するのではなく，その前から①予兆的な日長や気温の変化などを導入条件として，あるいは②無条件で強制的に，十分な栄養と耐性を身につけて，あらかじめ休眠状態となる。①を随意休眠（facultative diapause），②を強制休眠（obligatory diapause）と言う（Lees, 1955）。②の場合は年内に１回しか成虫が現れないことになる。

休眠の終了には休眠導入条件の消失だけでなく，越冬中の長期間の冷却が有効とされることがむしろ通例である。

2　ヤマトゴキブリの休眠

2-1　幼虫の休眠性

ゴキブリも越冬に適した休眠に入ることを初めて明らかにした報告は，ヤマトゴキブリの研究である（Tsuji & Mizuno, 1972, 1973）。それまでは，屋内性ゴキブリ全般が熱帯性，あるいは暖地性の昆虫であって，休眠しないと考えられていたふしがある。しかし，この研究でヤマトゴキブリが温帯性の昆虫で，休眠することが明らかになった。

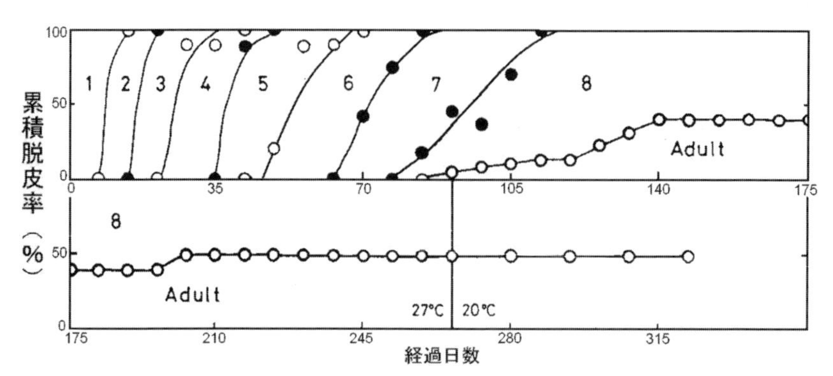

図 3-4　27℃ 1 日 16 時間照明条件で飼育したヤマトゴキブリ幼虫の累積脱皮曲線（後は 20℃ 8 時間照明）．数字は幼虫の齢期を示す．Adult は成虫．（Tsuji & Mizuno（1972）の図を辻（2011）が改変）

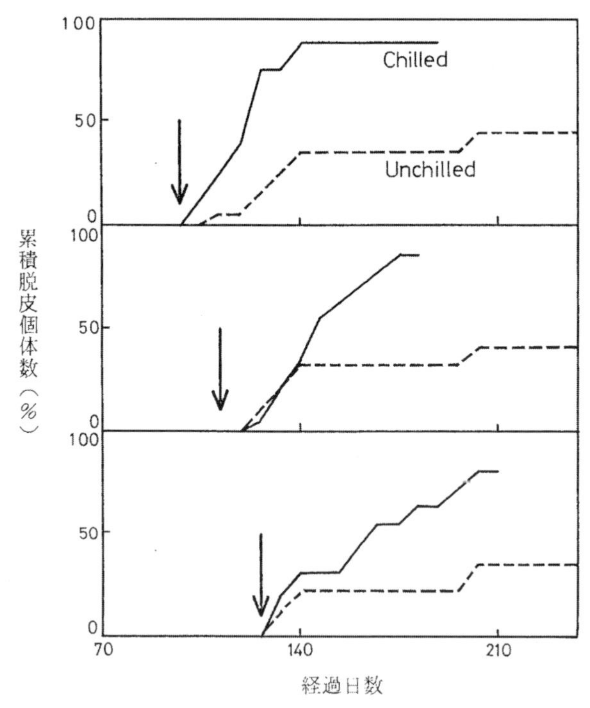

図 3-5　27℃で発育休止中のヤマトゴキブリ終齢（8 齢）幼虫の累積羽化曲線．実線：90 日間冷蔵個体／破線：非冷蔵個体．矢印の時点で 5.5℃冷蔵処理を 90 日間挿入（Tsuji & Mizuno, 1973）

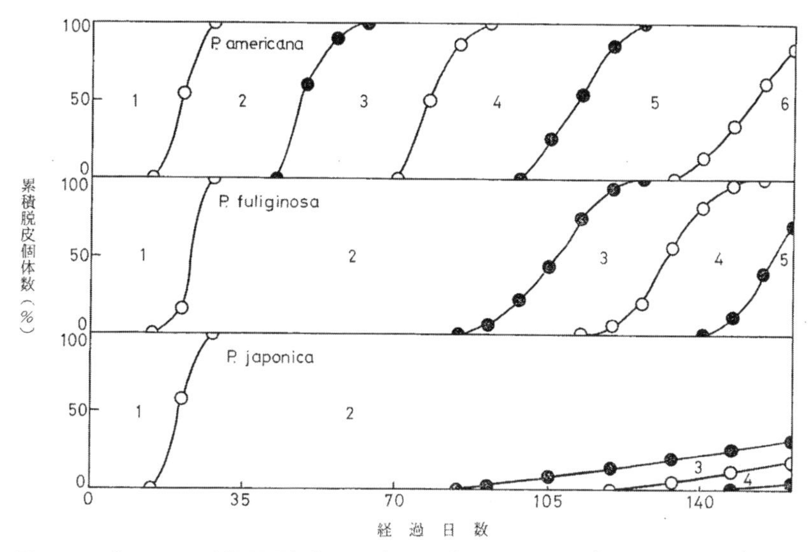

図 3-6　20℃ 1 日 8 時間照明条件での（上から）ワモンゴキブリ，クロゴキブリ，ヤマトゴキブリの若い幼虫の累積脱皮曲線．数字は幼虫の齢期を示す（Tsuji & Mizuno, 1972）

休眠に気がついたのは，新潟県の屋外で入手した大型の越冬幼虫を飼育して成虫とし，得られた卵から幼虫飼育を行ったときである。すなわち，高温長日条件（27℃，1 日 16 時間照明）で飼育すると，終齢（成虫になる直前の幼虫）の半分が成虫にならずに 100 日以上強制休眠状態になり（図 3-4），その休眠終了には 90 日間の冷却（5.5℃）期間が有効だったのである（図 3-5）。

さらに，中間温度短日条件（20℃，1 日 8 時間照明）で飼育すると，孵化直後の 1 齢幼虫は約 20 日の後に脱皮して 2 齢となるが，この 2 齢の期間が 100 日以上延長し（図 3-6），この延長に入った幼虫を 5.5℃冷却に 90 日間保つと，20℃で容易に脱皮して 3 齢以後の発育に進むことも示された（図 3-7）。この若い休眠幼虫は，次年も成虫とならず，大型幼虫となって再度越冬休眠するとことになる。

異なる齢期で休眠することは，発育と産卵の時期が長期にわたり，不揃いになりがちなヤマトゴキブリの成虫の羽化を，大型幼虫の越冬後の初夏に集中させ，効率のよい繁殖に役立つための適応と考えられる。

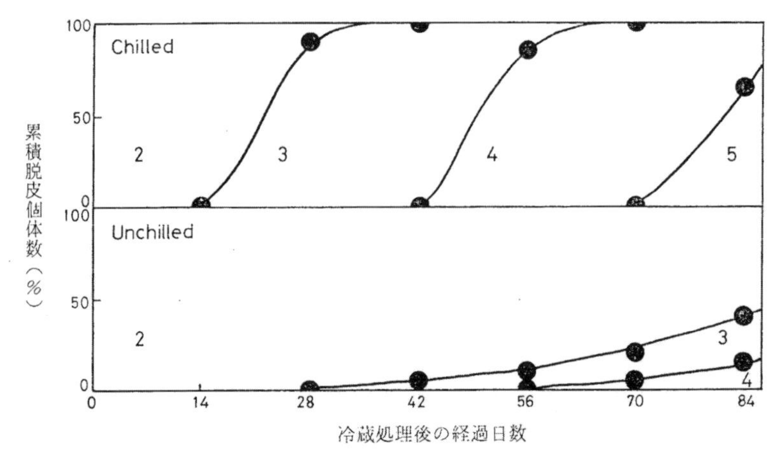

図 3-7　20℃で発育を延長しているヤマトゴキブリ 2 齢幼虫の累積脱皮曲線.
上：孵化後 150 日目を 0 日として，90 日間 5.5℃冷蔵処理の後
下：冷蔵処理なしの場合．数字は幼虫の齢期を示す（Tsuji & Mizuno, 1973）

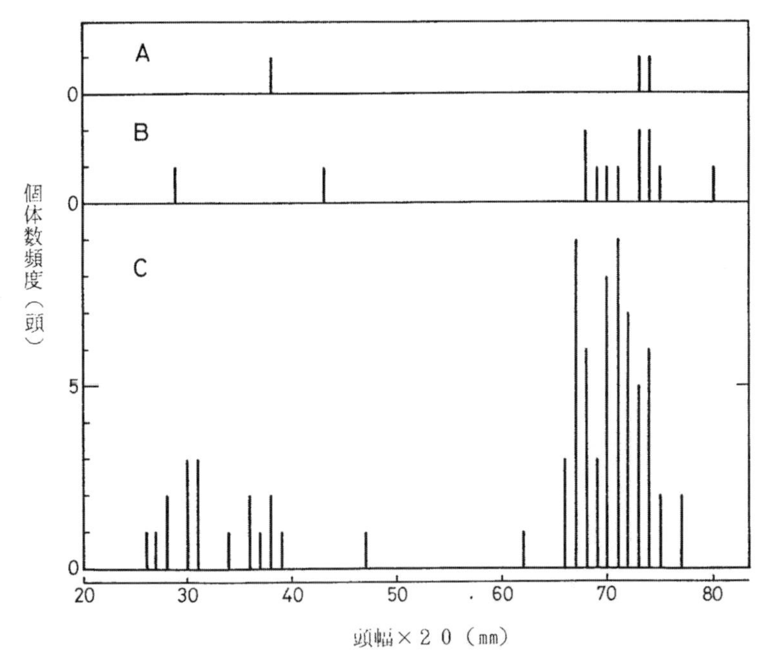

図 3-8　新潟県で採取した越冬中のヤマトゴキブリ幼虫の頭幅測定の結果（A：1973 年 1 月 24 日，柏崎市のハンノキ樹皮下で採取／B：1973 年 1 月 11 日，板倉町の小屋の板壁下で採取／C：1973 年 1 月 24 日，柏崎市のスギ樹皮下で採取）（Tsuji & Tabaru, 1974）

2-2 屋外越冬から

ヤマトゴキブリの屋外での越冬が雪深い新潟県柏崎地区で観察され（田原・小林, 1971), 採取個体の測定で大まかに若中齢幼虫と大型幼虫の2群の越冬が認められ（Tsuji & Tabaru, 1974）（図3-8), 成虫や卵（卵鞘), 1齢幼虫での越冬個体はなかった。しかし, 若いグループは2齢幼虫に限定されず3〜5齢幼虫も含まれ, 大型幼虫のグループも終齢に達していない個体も含まれていた。筆者は「ヤマトゴキブリの休眠は, 個体群の発育をこの程度に揃えさせれば十分ないし最適なのであろう。2齢と終齢しか存在を認めないような単純な完璧性はかえって不自然と

ヤマトゴキブリの頭幅成長と齢期判別の訂正

1972年, 筆者らは飼育個体を毎週10匹程度サンプリングして殺虫し, その頭幅測定値のグラフのみによる判定結果を発表した（Tsuji & Mizuno, 1972)。当時はグラフ上で, 一見別群のように分離した測定値群を各齢と判定した。一方, 辻（2011）では以下の理由で一部の判定を変更した。

① 1972年の図（図A）の小型数字は各サンプル群を殺虫した測定値のため, 同一個体の成長を追いかけて測定した判定ではない。小型数字の6齢7齢間の差が微小な1齢2齢間の差と同程度しかない点や, それに基づく脱皮曲線（図B）でも, 小型数字の6, 7齢の期間が異常に短い点が不自然である。

②その後, Shindo & Masaki(1995) および Tanaka & Tanaka(1997) の連続観察で, 通常8齢が終齢であることが示され, 筆者自身

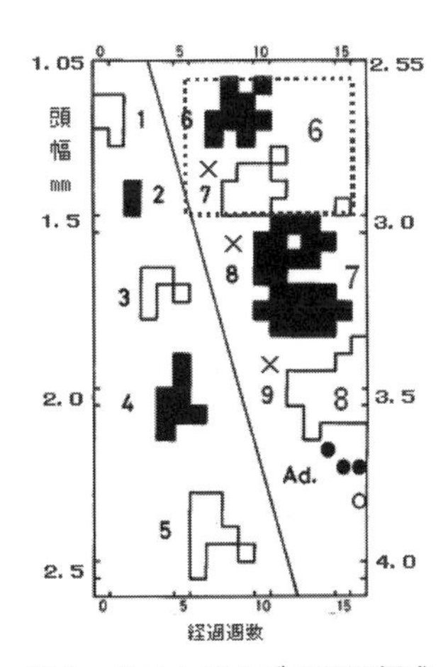

図A　ヤマトゴキブリの頭幅成長経過（27℃, 光周期16明－8暗). □■：幼虫　●：雄成虫　○：雌成虫　×印の小型数字：取り消される齢期を示す数字

(2010～2011)も殺虫せずに脱皮を連続観察した結果，高温長日条件で8齢が終齢であり，終齢個体が休眠後あるいは一部は休眠せず羽化することを確認した。
③変更内容。小型数字の6，7の両群をまとめて6齢とし大型数字で示した。続いて，小型数字8，9の各群を繰り上げ，7，8齢とし，大型数字で示した。
④小型数字の6，7群が分離し，小型数字8も2群に分離して見えるのは，非休眠羽化個体となるか休眠個体となるかの差や，一部には雌雄差を反映しているように思われる（脱皮曲線参照）。

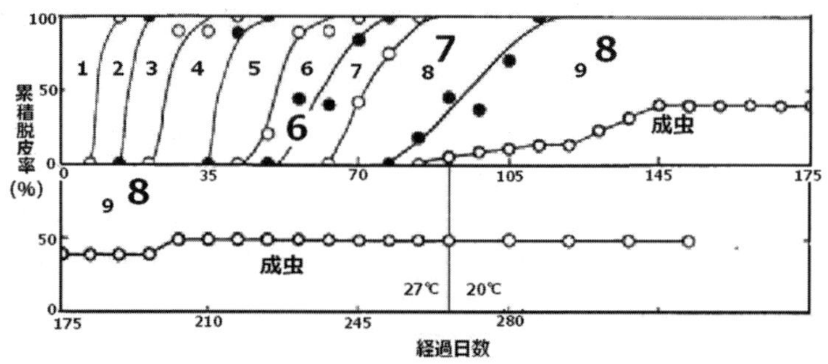

図B　上記ヤマトゴキブリ幼虫の累積脱皮曲線（27℃，16L：8D）．高温長日条件でも半数が8齢（終齢）期を延長し休眠状態に入ることを示す（Tsuji & Mizuno, 1972 を改変）

も言える」と考えた（辻・種池，1993）。

その後の研究で，2齢を過ぎた幼虫でも日長や温度に反応して休眠に入ることや，休眠から離脱することが明らかにされた（Shindo & Masaki, 1995; Tanaka & Uemura, 1996; 岩崎，2000）。ヤマトゴキブリの休眠現象を概括して表に示す（表3-1）。

2-3　成虫の耐寒性

ヤマトゴキブリの成虫の耐寒性は幼虫に次いで強く（5.5℃で120日以上生存），越冬能力は高いと言える（図3-1，Tsuji & Mizuno, 1973）。しかし冬季に新潟県で採取したサンプルに成虫が見られなかったのは，幼虫の休眠が越冬前に新成虫の出現を防止し，次年の初夏に集中して羽化させる役割を果たしていることを示す。

表 3-1　ヤマトゴキブリの休眠条件

	長日	発育後半の短日	短日
連続高温	50%老齢（終齢）幼虫が休眠* 50%非休眠（Tsuji & Mizuno, 1972）	老齢幼虫休眠を維持** （岩崎,2000） （短日で保たれる）老齢休眠が 長日で破られる （Shindo & Masaki, 1995）	1齢は休眠せず，若い幼虫が休眠， 老齢幼虫で再度休眠（Shindo & Masaki, 1995） 3～5齢幼虫が休眠，長日で発育再開（岩崎,2000） 若い幼虫の休眠が高温で破られる （Shindo & Masaki, 1995） 休眠を終えた若齢幼虫は長日より短日で早く 老齢に達し，再度休眠（Shindo & Masaki, 1995）
中間温度	長日でも20℃で若い幼虫が休眠に入る （短日で入った）若い幼虫の休眠が長日で破られる （Shindo & Masaki, 1995）		1齢は休眠しないが2齢幼虫が休眠（Tsuji & Mizuno, 1972） 日長が短いほど，温度が低いほど，幼虫が若いほど若い休眠に入る （Shindo & Masaki, 1995; Tanaka & Uemura, 1996）

*連続長日で累代飼育した場合には，クロゴキブリの累代飼育系と同様のこと（非休眠選択）が予想される。
**1度若中齢で越冬した個体は次年の老齢休眠が浅く，長日に移すと発育の再開が起こる。
◎休眠と関係なく，1齢幼虫から成虫まで耐寒性があり（Tsuji & Mizuno, 1973），1齢幼虫の越冬齢の報告もある（Tanaka & Uemura, 1996）。

ヤマトゴキブリの卵は27℃で27日，20摂氏で64日かかって孵化するが，15℃では孵化せず死亡する（Tsuji & Mizuno, 1972）。また15℃で40日間馴らした後でも5.5℃の冷蔵20日間に耐えられなかった（Tsuji & Mizuno, 1973）（いずれも，20℃1日8時間照明条件下で産まれた卵について実験）。卵の休眠や越冬はないようである。

3　クロゴキブリの休眠

ヤマトゴキブリの休眠が確認された後も，クロゴキブリは亜熱帯性か暖地性と考え，休眠性がないものと思われていた。筆者自身は，短日の中間温度条件（20℃1日8時間照明）で2齢幼虫の発育遅延に気付いたが（図3-6, Tsuji & Mizuno, 1972）当時はその越冬能力を検出できなかった（5.5℃冷蔵60日で死亡）。その後孵化後155日間15℃飼育して得た2齢幼虫は冷蔵60日に耐え，1齢幼虫（死亡）より強かったが（Tsuji, 1975）自然状態を推定するには不十分だった。

大型幼虫での休眠についても気付かなかった。すなわち，当時，高温長日条件（27℃1日16時間照明）では，どの齢期の幼虫も発育休

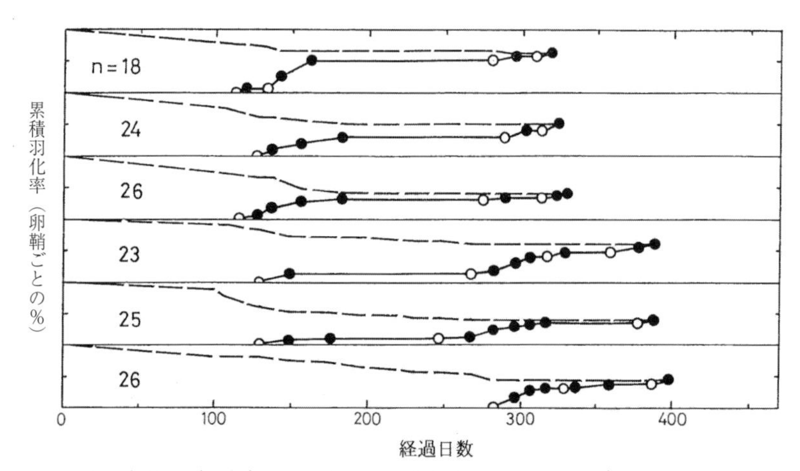

図 3-9 高温条件下（27℃）で 10 年以上累代飼育したクロゴキブリの 25℃ 1 日 14 時間照明条件での累積羽化曲線（6 個の卵鞘から孵化した 6 群）．●：新成虫が見られた観察日．○：新成虫が見られなかった観察日．n：初期幼虫数（＝孵化幼虫数）．破線：死亡による幼虫の減少（辻，1988）

止を示さず，100 日余りで 8 齢を経て成虫となった（図 3-11，Tsuji & Mizuno, 1972）終齢幼虫の耐寒性を強めた 15℃での馴化飼育の際にも，それに伴う体内脂肪含有量や乾燥体重の増大が認められず，休眠せずに耐寒性を強めていると考えられた（Tsuji, 1975）。

しかし，1980 年代になり，クロゴキブリにもヤマトゴキブリに類似する 2 齢幼虫と大型幼虫（亜終齢，終齢）の休眠があることがわかった（辻，1988，1989；Tsuji & Taneike, 1990, 辻・種池，1991）。その間のいきさつについて以下に記述したい。

3-1 老齢幼虫の強制休眠

上記のとおり，筆者らが高温長日飼育で，100 日余りで 8 齢を経て成虫を獲たのに対し，藤田（1959）は 25℃で成虫を羽化させるまでに，9 齢，10 齢幼虫を経て 322 日を要している。両者の実験において温度差がわずか 2℃であるのに，報告された発育日数に 3 倍の大差がある。緒方ら（1989）も 25℃で平均 240 日を必要とした。実は，この大差が休眠現象とクロゴキブリの系統差の存在を示していたのである。

筆者らが用いたクロゴキブリは，東京で採取されて以来，27℃の恒温

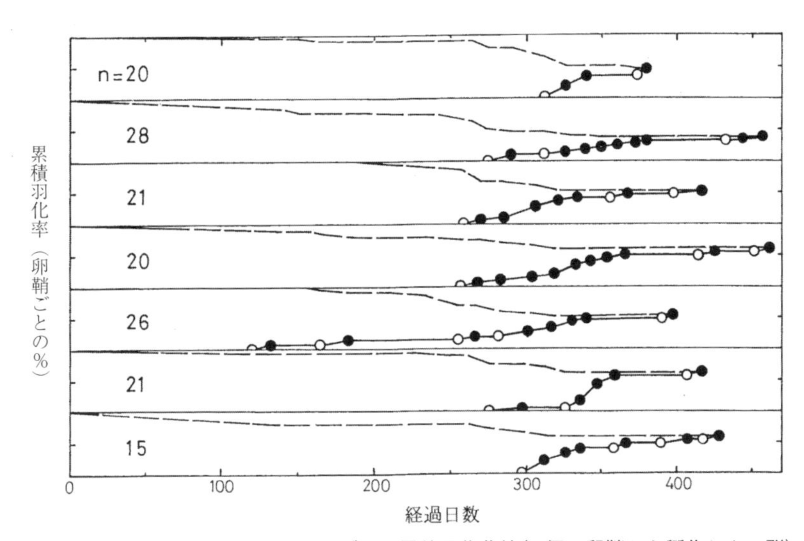

図3-10　新たに採取されたクロゴキブリの累積羽化曲線（7個の卵鞘から孵化した7群）．（図3-9と同時期，同条件で飼育）ほとんどが老齢で発育を遅延した（辻，1988）

条件下で10年以上（30世代以上）飼い続けたもの（東京系とする）であった。そこで，新たに滋賀県野洲町（現在の野洲市）で得た数匹のクロゴキブリ（野洲系とする）のF_1から得たF_2卵鞘を用い，前記東京系とほぼ同時の幼虫飼育実験を25℃で行ったところ，興味ある結果が得られた。

すなわち，東京系では羽化が2時期に分離し，150日前後で羽化する個体が著しく多かったのに対し（図3-9）。野洲系では大型幼虫になってからの発育期間の延長が顕著で，ほとんどが300〜350日を要して羽化した（図3-10）。このことから，本来のクロゴキブリは，野洲系のように大型幼虫で発育を休止し，その状態で越冬に入るものであり，東京系は恒温条件下での累代飼育のため，遺伝的に発育を延長しない個体が選抜淘汰されたものと考察された（辻，1988，1989）。

東京系のクロゴキブリは，以前の飼育条件（27℃1日16時間照明）ではほとんど100〜150日で羽化し（図3-11），老齢幼虫の強制休眠はないものと判断されていた。それに比べれば，この25℃14時間照明でのデータ（図3-9）は遅れて羽化する個体が多めで，温度や日長の影響も示唆される。

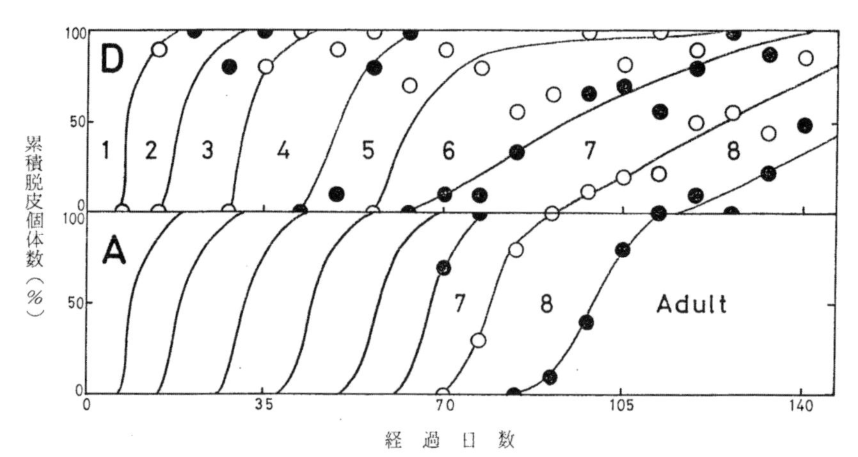

図 3-11　27℃ 1 日 16 時間照明の条件下での高温累代飼育系クロゴキブリ（東京系）幼虫の累積脱皮曲線（D：狭い容器で飼育した群／A：広い容器で飼育した群．数字は幼虫の齢期を示す）．（Tsuji & Mizuno, 1972）

野洲系クロゴキブリの恒温長日飼育（26℃ 1 日 14 時間照明）における累積脱皮曲線（図 3-12，Tsuji & Taneike, 1990）を示す。東京系のそれ（図 3-11）と比較すれば，亜終齢（7 齢）と，終齢（8 齢）の期間延長と過剰脱皮が読み取れる。

このクロゴキブリ大型幼虫の齢期延長も，冬期の低温を経過する間に終了し，温度の上昇とともに羽化に向けて発育が再開された。亜終齢から発育を再開する場合は，延長のない終齢を経て成虫になった（図 3-13，Tsuji & Taneike, 1990; 辻・種池，1991）。

このように，高温条件下におけるクロゴキブリ大型幼虫の齢期間延長

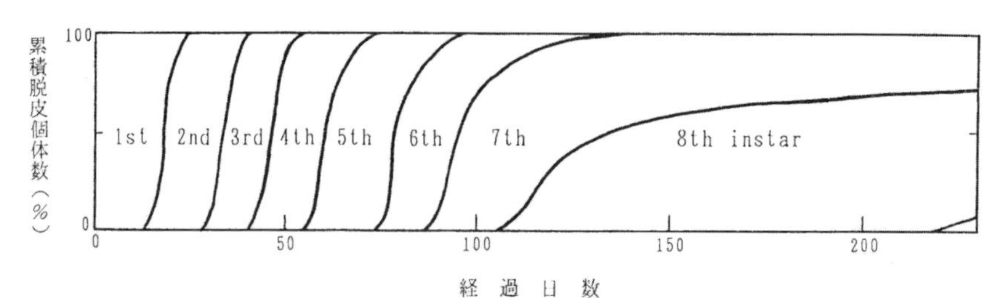

図 3-12　新たに採集されたクロゴキブリ幼虫の累積脱皮曲線（26℃，14L:10D）．高温長日条件でも 7 齢または 8 齢期が延長し休眠状態に入ることを示す．（Tsuji & Taneike, 1990）

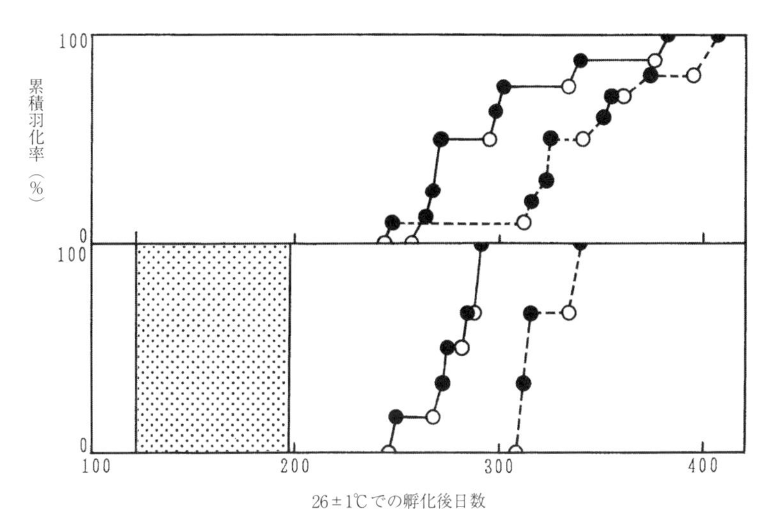

図3-13　26±1℃飼育のクロゴキブリ老齢休眠幼虫（7齢）に対する倉庫内冬期低温の影響．上：低温期間を過ごしていない場合の累積羽化曲線／下：低温期間（ドット期間，12月7日～2月21日の75日）を過ごした場合（実線：雄／破線：雌）．冷却により26℃に戻してからの羽化が早まった．7齢から8齢となり，8齢の発育延長なしに羽化した（Tsuji & Taneike, 1990）

は，やはり一種の休眠（しかも強制休眠）であり，ヤマトゴキブリの終齢幼虫の休眠と同じ役割をはたすものと考えられる。

3-2　2齢幼虫の休眠

先述したように，東京系（累代飼育系統）のクロゴキブリについて，短日の中間温度条件で2齢幼虫の発育遅延に気付いたが（図3-6，Tsuji & Mizuno, 1972）当時はその越冬能力を検出できなかったか，まだ不十分であった（Tsuji, 1975）。そこで，より自然な野洲系の幼虫を用い，20℃で発育を延長している2齢幼虫に対する5.5℃冷蔵の影響を調べたところ（図3-14），84日（12週）の冷蔵にも耐え（直接冷蔵で20%生存，冷蔵前に15℃の馴化飼育をすると55%生存），20℃に戻された時の3齢幼虫への脱皮が促進された（辻・種池，1991）。これらのことから，クロゴキブリの2齢期間の延長もヤマトゴキブリのそれと同様の役割を持つ休眠と考えられる。

ちなみに，この2齢期の延長は，20℃長日（1日14時間照明）でも

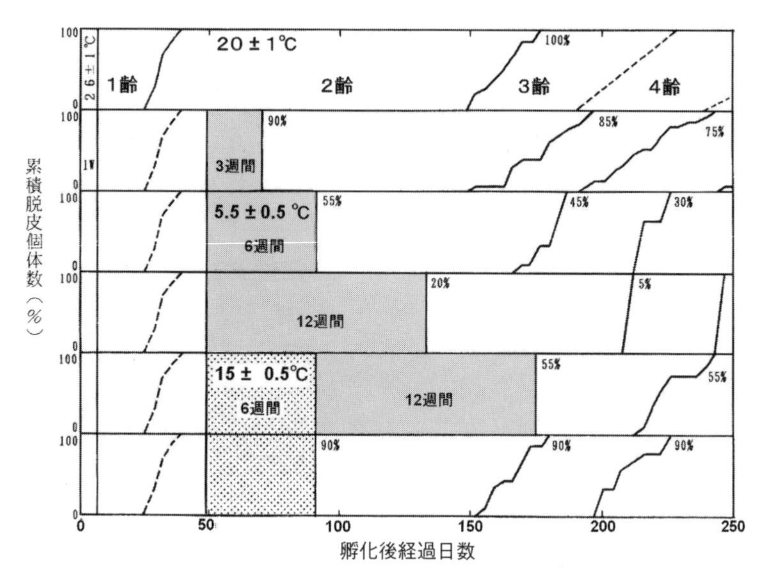

図 3-14　26℃で孵化したクロゴキブリ 1 齢幼虫を 1 週間後に 20℃に移して 2 齢で休眠させ，その後 5.5℃で冷蔵した後の累積脱皮曲線と幼虫の生存率を示す．各区の初期幼虫数は 20 匹（辻・種池，1991）

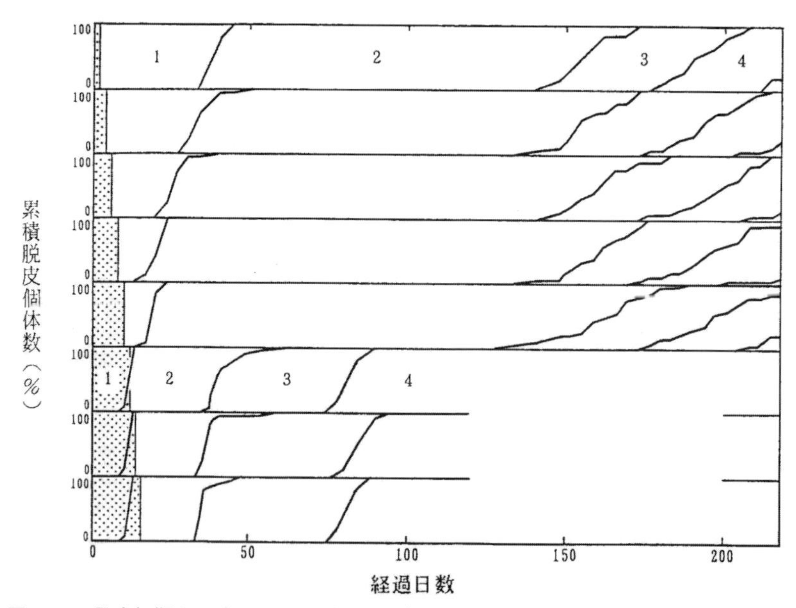

図 3-15　発育初期を 26℃ 1 日 14 時間照明条件下で経過し，後 20℃暗黒で経過したクロゴキブリ幼虫の累積脱皮曲線．ドット部分は 26℃期間を，数字は幼虫の齢期を示す（辻・種池，1993）

表 3-2 クロゴキブリ 2 齢幼虫の休眠（20℃暗黒）の導入と回避に有効な高温処理時期（1 齢初中期は導入に有効，1 齢後期と休眠中の 2 齢は回避と消去に有効）（辻・棚池，1993）

高温挿入開始時期		判定虫数※	孵化後 74 日目の非休眠率
孵化後	発育ステージ		（3 齢以上に脱皮した率%）
14	1 齢　初中期	13 + 10	0
28	1 齢　後期	14 + 13	77.8
42	2 齢（休眠中）初期	12 + 11	56.5
56	2 齢（休眠中）中期	12 + 11	47.8

※各 15 匹で開始，74 日目の生存虫数

認められ，短日が必須の条件ではないことがわかった。また，2 齢期間の延長のためには，孵化幼虫は少なくとも 1 齢の末期から 20℃条件下で生活することが必要であり，孵化から 1 齢末期まで高温（26℃）条件下で過ごすと，2 齢に期間を延長せず，3 齢以後への脱皮が進行してしまう（図 3-15，辻・種池，1993）これは，2 齢期の休眠に入る準備が 1 齢末期に行われることを示している。

連続的な 20℃条件の中で，1 齢末期または 2 齢期（もちろん延長している）に 4 日間の高温（26℃）条件を挿入すると，2 齢期の延長が中止され 3 齢への脱皮が起こることがわかった（表 3-2，辻・種池，1993）。これは，2 齢期の休眠が秋から冬に向かってのみ保たれることを示している。

飼育の経験やヤマトゴキブリの例から考えると，2 齢をすぎた齢期の幼虫の（短日条件などによる）休眠導入もあると推定される。

3-3 卵の性質と運命

クロゴキブリの卵（卵鞘）は，15℃で馴化した後は 5.5℃で 80 日以上生存する（Tsuji & Mizuno, 1973）。この点はヤマトゴキブリの卵とは性質が異なるようである。屋外飼育実験でも卵越冬が認められている。すなわち，（屋内の）飼育ゴキブリが産んだ 24 時間以内の卵鞘を，4 月から 10 月までの各時期に屋外条件に設置して観察したところ，9 月以降に屋外に出した卵鞘はすべて年内に孵化せず, 越冬してから（6～7 月に）孵化した（Takagi, 1978）。それだけでなく，2 回越冬した例も報告され

ている（藤田，1956）。これらは，卵休眠の存在を示唆する。

一方，筆者らが産卵末期（1990年9月，10月）の卵からの孵化と，孵化幼虫の発育がどのように運命づけられるのかを確認したデータを図3-16に示す。場所は滋賀県野洲町（現在の野洲市）の無加温の倉庫の中（飼育容器中）で産まれた卵を，産卵時期別に3個の容器に分けてそのまま飼育した結果である。

屋外クロゴキブリの齢構成

幼虫の休眠の関係で，クロゴキブリ越冬幼虫からの成虫羽化は6〜7月に多く，成虫は秋まで生存して産卵を続け，冬に向かって死亡する。家屋への侵入など活動が目立つ時期に，成虫，小型幼虫，大型幼虫，がどのような割合で活動しているのか，東京都内の屋外で中野氏が行ったトラップ調査結果の一部を紹介する。捕獲数値はトラップの回収時のもので，活動自体はそれより前からあり，たとえば成虫は6月から認められる。

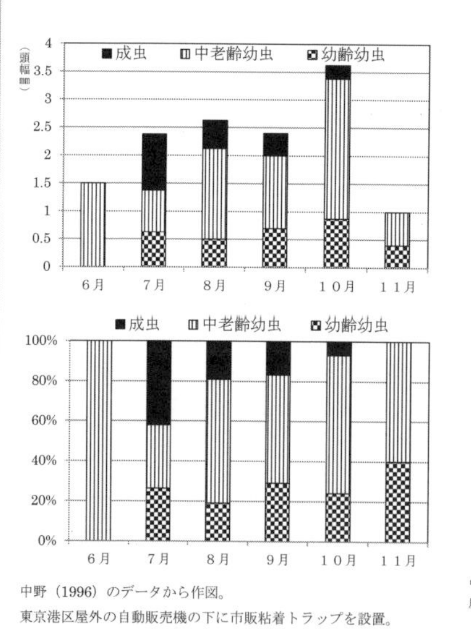

中野（1996）のデータから作図。
東京港区屋外の自動販売機の下に市販粘着トラップを設置。

図A　屋外トラップのクロゴキブリ齢構成1（中野 1996）

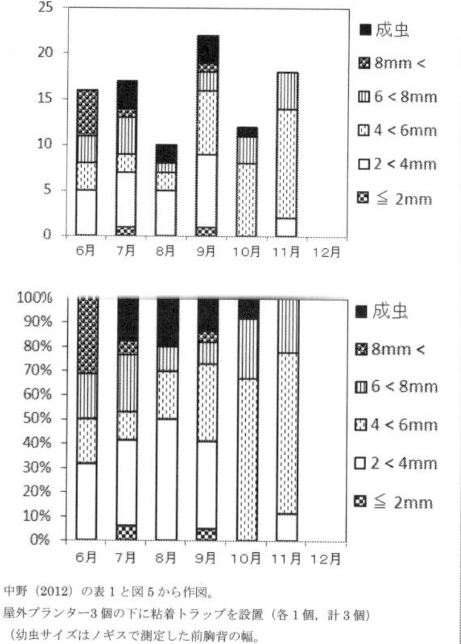

中野（2012）の表1と図5から作図。
屋外プランター3個の下に粘着トラップを設置（各1個，計3個）
（幼虫サイズはノギスで測定した前胸背の幅。

図B　屋外トラップのクロゴキブリ齢構成2（中野 2012）

9月前半に産まれた卵は年内に孵化し，若齢幼虫で冬を迎え，そのうち1齢幼虫が越冬中に死亡したので，2齢（休眠）幼虫の越冬比率が上昇し，その分が次年12月の終齢休眠個体となった。しかし，年内孵化幼虫のうち3齢，4齢幼虫の越冬比率も若干あり，それらが遅まきながら年内9月に羽化した（図3-16（辻・種池，1993）の上段）。この成虫は12月まで生存していたが，この成虫も（6～7月羽化の成虫同様）越冬中に死亡する可能性が高い。本来は6～7月に羽化を集中させるための大型幼虫の休眠であるが，8～9月の倉庫内が極度に高温だったため，休眠が破られた可能性がある。ヤマトゴキブリより休眠が浅いようだ。

9月前半の産下卵の運命からみて，6，7，8月の産卵最盛期の卵から孵化した幼虫は，おおむね大型幼虫で越冬し，次年6月からの羽化期に集中して羽化すると言える。また8月末に産まれる卵などからは中型幼虫で越冬する幼虫も生ずること，つまりヤマトゴキブリと同様に中型幼虫での休眠も想定される。

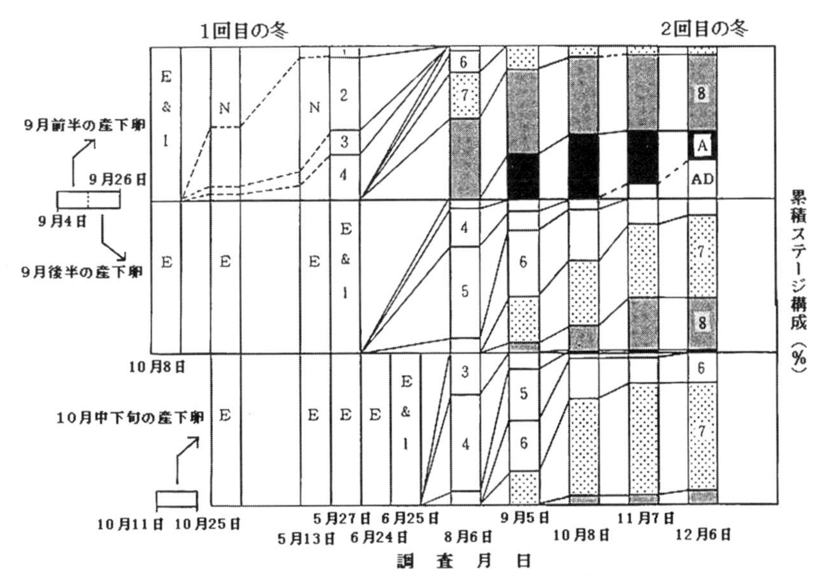

図3-16　無加温の倉庫小屋の中で9～10月に産まれたクロゴキブリの卵鞘と，それから孵化した幼虫の発育経過．サンプリング個体の頭幅測定によりステージ構成を推定した．E：卵／N：幼虫／A：成虫／AD：成虫の死亡（推定）．数字：幼虫の齢期（辻・種池，1993を改変）

9月後半以降に産まれた卵は年内に孵化せず越冬し，次年の5〜6月に孵化，11月までに大部分が亜終齢（7齢）か終齢（8齢）となって再度越冬した（図3-16の下2段）。これらは，当然次々年の集中羽化に参加することになる。

3-4 成虫の越冬

クロゴキブリの老齢幼虫の休眠は，ヤマトゴキブリ同様，越冬前に新しいクロゴキブリの成虫の出現を妨げる役割を果たすはずである。確かに新成虫は5〜7月に羽化し（松沢，1963; 高木,1974；辻・種池，1991），屋内飼育でも年末まで生存することは少ない（緒方ら，1989）。さらに，成虫は老齢休眠幼虫や2齢休眠幼虫に比べ寒さに弱く（Tsuji & Mizuno, 1973），越冬できなかった実験報告もある（山口，1963; 辻・種池，1991）。

それにもかかわらず，加温していない野小屋の木材の中や鉄筋コンクリート製集合住宅のベランダ（空の植木鉢の重なりの中）などで，冬から春にかけて成虫が時に発見され，一部は春以後に産卵し，その卵から幼虫が得られるのも事実である（辻・種池，1993）。これが暖冬時のみの現象なのか，人為環境が与える条件の結果なのか，なんらかの生理的な適応性をもつ個体の存在を示すものか，今後の課題のひとつである。

4 野外ゴキブリの休眠

ヤマトゴキブリとクロゴキブリの休眠性は，両種が春夏秋冬の温帯に適応していることを示す。また両種が屋外の生活を行うことの裏付けでもある。それにしても，それによって2様3様の周年経過を示すことになるのは興味深い。

英国の野外ゴキブリ *Ectobius* 属3種のうち，*E. panzer* は年1化性で卵越冬し，*E. lapponicus* と *E. pallidus* は2年1化性，初冬は卵で，次の冬は幼虫で越冬する（Brown, 1973）。

Brown（1973）によると *E. lapponicus* の卵は強制的な休眠に入り，次年の春遅くならないと発育を再開しない。幼虫は，2，3，4齢で越冬するが，4齢期（亜終齢）が環境依存的な休眠に入るステージで，2，3齢は一時的な休止である。4齢期はもちろん，他の齢期の発育休止と再開に光周期が影響し，1日10時間の明期では20℃での発育や脱皮には不適であった。

日本の野外種モリチャバネゴキブリは，野外で年1化，6齢（亜終齢）を経て成虫になる（Tsuji, 1985）。6齢期の休眠は短日で導入されるらしく，30℃暗黒条件飼育で6齢期の延長がみられた。夏，室内の夜間照明追加条件では6齢期の延長なしに，しかも7齢期を経ずに成虫になり，あたかも休眠のないチャバネゴキブリと同じ経過をとるかにみえた。しかし，この成虫は盛んに交尾産卵したが，卵鞘から幼虫が孵化することはほとんどなく，正常ではないことがわかった（Tsuji, 1985）。

これらの例から見て，温帯以北で野外生活をもつゴキブリは，やはり越冬に関連した季節休眠をもつのが当然と言えるだろう。その性質を引きずったまま，屋内害虫ともなる種類がヤマトゴキブリやクロゴキブリであろう。

近年，亜熱帯性のキチャバネゴキブリ，サツマツチゴキブリでも独特な休眠が報告されている（Zhu & Tanaka, 2003, 2004）。

5　休眠のない屋内ゴキブリ

チャバネゴキブリは発育期間が短く，年内に世代を複数繰り返すことによって猛烈に繁殖する屋内害虫である。特定のステージで発育を休止して耐寒性を増すような，典型的な越冬休眠は見いだされていない（Tsuji & Mizuno, 1972）。アフリカ東北部が原産地とされる本種には，はじめから越冬休眠の必要はなかっただろう。そして，年中高温の環境に適応したまま，人為的な温暖環境と移送手段に依存して世界各地に定着を果たしたのであろう。どの発育ステージでも寒さに弱いが（山口, 1963; Tsuji & Mizuno, 1973; 緒方，1976），条件さえよければ定着して大発生することになる。

ワモンゴキブリにも休眠がみられず，寒さに弱い。やはり熱帯性だからであろう。チャバネゴキブリのような急速な増殖はないが，休眠がないだけに，定着が許される条件下では大発生して住民を困らせることがある（Pinto, 1987）。

6 結び

屋内に棲むゴキブリにも典型的な休眠現象があり，その性質をひきずりながら，屋外と屋内の両方を利用している。しかし，温暖状態で累代飼育したクロゴキブリのように，休眠する性質を失って好条件の屋内のみに定着を果たす可能性はある。

熱帯性のゴキブリは，寒さに弱いまま温帯の人為的な環境に定着している。しかし，原産地の個体群と，移住繁殖している個体群との間に，多少の性質の違いが生じていている可能性はあるが，すくなくとも休眠性の獲得はまだ知られていない。

南方系ゴキブリの異常発生とこれから

普通すぎて困るチャバネゴキブリ

チャバネゴキブリは南方からの小型の移入種であるが，いまや保温と餌に恵まれたビル，工場，飲食店，地下街などでは困った存在である。もちろん人工的な加温の影響であるが，暖かい隠れ場所とそのごく近くに水や餌があると，寒い季節でも定着活動できる。

赤褐色の大型ゴキブリ

堆積した屋外の廃棄物が発熱し，見慣れない赤褐色の大型ゴキブリ（ワモンゴキブリ）が越冬して大発生したため驚いたのは数十年昔の神戸だった。近年はビルや工場の水場近くや地下街などでもみられ，特定の廃水施設のマンホールで群れをなしていることがある。そのためか，九州南岸地方などで見られても，それほど驚かなくなっている。本州北部の温泉地にも久しく定着していることが知られている（富岡・山地，2010）。

類似のトビイロゴキブリも同様で，最近の大阪の地下街でのトラップ調査によると，トビイロゴキブリがチャバネゴキブリに負けないほど普通に捕獲されている。チャバネゴキブリとは棲み分けている傾向があり（Imai, 2011），より多湿高温な環境を選んでいるようだ。同調査で，越冬休眠が必要なクロゴキブリはほとんど捕獲されなかった。都会の地下街が常夏の熱帯となり，トビイロゴキブリの天下となったのだろう。

より特殊な環境への定着

同じ南方系の大型赤褐色ゴキブリでも，コワモンゴキブリは前記のワモンゴキブリやトビイロゴキブリと類似の高温嗜好が認められるが，目立つのは日本に限らず各地の熱帯植物温室への定着である。これは地面と植物が一体となった環境を好む自然の里のゴキブリの特徴を示している。

地面の堆積物や石の下に潜るのが好きな中型ゴキブリのオガサワラゴキブリも，温帯ではもっぱら温室に多く，あるいは観葉植物の植木鉢の中に潜ってホテルなどの施設に持ち込まれている。

同様に，ヨウランゴキブリは洋蘭植物に付着して洋蘭温室に定着している。

これから注意すべきゴキブリ3種

2011年，岡山県内で得られた2種のゴキブリの種類の判定を求められた。その結果，1種は生まれて間もないサツマゴキブリの幼虫数匹で，もう1種はチュウトウゴキブリ（＝トルキスタンゴキブリ）の雄成虫だった。また，最近ではチャオビゴキブリの都内への定着が報告されている。

サツマゴキブリ

本種は，従来，九州や四国の南岸を分布北限とする野外種とされていたが，近年，静岡県，千葉県，和歌山県，神奈川県，愛知県でも確認されている。今回，岡山県の会社内で，しかも机の上で複数の孵化幼虫が得られたので，付近に成虫が棲息し子供を産んだものと推測される。本来は野外種だが，室内でも問題になった。今後は分布の広がりとともに，異物としての混入も想定しておく必要がある。

ちなみに，筆者は2002年に静岡市の海岸地域での定着を報告したが，それから10年ぶりとなる2012年1月9日に同所を訪問したところ，わずか20分の間に日当たりのよい石の下で元気に過ごしている成虫 4 匹と大型幼虫 3 匹を発見した。

チュウトウゴキブリ (＝トルキスタンゴキブリ)

本種は東北アフリカから中央アジアの乾燥地帯の野外と屋内に分布する亜熱帯種で，日本では 1980 年以降，近畿地方の港湾周辺で散見され（青木ら，1981; 田中，2003），2006 年には愛知県の工場からも記録されている（角野ら，2006）。その後，岡山県で工場のモニタリングトラップに捕獲された。このことは，本種がやがて広範囲に分布を広げることを示唆している。

チャオビゴキブリ

本種は国内では小笠原諸島の父島だけに分布していた屋内侵入種のゴキブリだが，最近，東京都内でも発見された（小松・内田，2011）。世界的な害虫で，高温を好む小型ゴキブリだが，チャバネゴキブリと異なり活発に飛翔し，厨房だけでなく，寝室や家具など活動範囲が広い。

日本から外国に入る可能性

日本国内の普通種で寒さに強いヤマトゴキブリが，従来分布していなかった米国北東部のニューヨーク市内の屋外で棲息が認められ，観葉植物の輸送にともなって侵入したものと推定されている (Evangelista et al., 2014)。インターネットでは日本がゴキブリサイボーグを送り込んだと揶揄するものもあるが，必ずしも日本からとは言えない。

1986 年には，それまで米国では見られなかったオキナワチャバネゴキブリが，フロリダ州のレイクランドで発見され，その後各地に広がっている (Roth, 1986)。本種は東南アジアと日本の沖縄の屋外に分布する種類で，活発に飛翔して照明に飛来するなど，多数発生して防除が必要となっている。他方，綿の害虫の卵を食う益虫の性質もあるという。

■北上するゴキブリ

1　所変われば品変わる

昆虫も地方により棲んでいる種類が異なる。日本にいて，南米の美しいモルフォチョウの採集など無理な話である。もっとも，保護されている現在は現地での採集も問題がある。しかし，同じ日本で，しかも地方により余り珍しくないチョウでさえも，そのチョウがいない地方の人には，珍しい貴重なチョウである。海外採集旅行などなかった時代（1940年代末期）の貧しい昆虫少年だった筆者にとってもそうであった。

だから，伊豆・富士箱根地域から南九州の山の中に移り住んだ時，そこは南国のチョウやガが舞う夢の世界だった。ツマグロヒョウモン，イシガキチョウ，ミカドアゲハなどに次々に出会って感激し，山中の家の裏では原色模様のサツマニシキがたやすく採集できた。ミカドアゲハは多数飼育して，完全標本を本州の仲間に送ってあげたものだ。

ゴキブリで印象的だったのは，翅のない大型野外種で，太古の生物のようなサツマゴキブリに初めて出会ったことである。乾燥した小判型の体で，逃げる様子もない動きと短い脚，前縁が黄色い縁取りで飾られた，なんとなくペット的な昆虫である。当時，九州南部，四国南岸，琉球諸島に棲むゴキブリだった。海岸のハマユウの根元，石の下などに見られ，四国の海岸近くの椿林の落ち葉の下にも普通にいた。

2　今，サツマゴキブリは静岡（用宗海岸）でも普通

それから50余年後の2002年，当時静岡市在住の木藤慎さんから京都の筆者に連絡があり，用宗港付近の屋外で3月9日と12日に撮影したゴキブリの写真が送られてきた。明らかにサツマゴキブリだったので，早速3月21日に現地に出向き，成虫，幼虫が冬を越えていることを確認した。当日も成虫幼虫ともに多数のふんを排泄し，与えた落ち葉をさかんに食べた（辻・木籐，2002）。その10年後（2012年），再び同じ場所を調査したところ，相変わらず多数が確認できたので，元気に定着棲

息していることは間違いない（写真 3-5, 6）。

その後，和歌山県の沿岸や岡山県でも認められ，本州南岸各地に定着しているものと想像される。同時に，たとえば岡山地方のある事務所では，室内にもサツマゴキブリの孵化幼虫が少なからず発見されるなど，室内侵入によって企業製品への混入異物となる恐れも云々されるようになった。

ちなみに，台湾原産で 1983 年に沖縄に侵入が確認されたヤンバルトサカヤスデが，2002 年ごろから上記の静岡市用宗の山側の地区でみられるようになり，大発生も起こっている。この種も本州中南部にまで北上しており，本州の温暖な地域がさらに温暖化したことを示している（藤山ら，2012）。

写真 3-5　2002 年 3 月の静岡市用宗で確認したサツマゴキブリ成虫と幼虫（草地のコンクリートの塊の裏側）．右は雌成虫と若齢幼虫（バーの長さは 2cm を示す）

写真 3-6　10 年後，2012 年 1 月 9 日，同じ区域で再確認．左の写真の手前に横たわる石の下の元気なサツマゴキブリ成虫．周りにふんの塊がたくさんある．サイズは 100 円硬貨と比較できる

3　地球温暖化の影響

近年，二酸化炭素の濃度上昇に伴う地球環境の温暖化が叫ばれている。二酸化炭素ガスの温室効果により気温が上昇し，それが原因で動植物の棲息状況の変化も認められ，昆虫についての考察もまとめられている（桐谷・湯川，2010）。

変化の方向性を端的に表現すれば，気温について寒冷地の温帯化，温帯の亜熱帯化，亜熱帯の熱帯化が予想される。北半球に位置する日本では，今まで見られなかった南方系の生物が北上分布を示す例が多い。前記のツマグロヒョウモンは，京都を含む本州各地で普通である。日本脳炎を媒介する重要な衛生害虫のコガタアカイエカも，毎年南方から飛来して夏に繁殖し，冬には死滅していたものが，地域や環境によっては一部が生存越冬する可能性も増大し，都内で冬期に得られたという報告もある。在来のヒトスジシマカも，国内での分布範囲を北に向かって拡大している。

しかし，ある地域の気温が上昇しても，その地域の日長は変化しないので，単純に現在の温帯や熱帯の条件が北上するわけではない。今まで存在しなかった，より長日の温帯や熱帯が出現する。日長によって発育や行動をコントロールされている生物は，適温のところに移住するためには，あらためて環境適応をやり直す必要が生じてくるはずだ。その点で，熱帯性昆虫には日長の影響が少ない種類があり，比較的単純に適温の環境への移動と定着を果たす可能性がある。

4　屋内性ゴキブリは都市化の影響が先行

屋内性ゴキブリについて言えば，地球の温暖化の影響よりも，人類の生活環境の都市化による地域，施設，家屋の温暖化の影響がはるかに先行している。チャバネゴキブリを初めとして，亜熱帯性，熱帯性のゴキブリが，温暖化した人工的な施設や都会環境の中に進出を果たし，世界共通の衛生害虫となっているのである。

ゴキブリの数

1　餌の量とチャバネゴキブリの数

夏の温度条件（27℃）で，卵を持ったチャバネゴキブリの雌成虫10匹を入れた飼育容器に，30日ごとに4 g，8 g，あるいは16 gの乾燥餌（実験動物用飼料）を与え続けると（飲み水と隠れ場所がある条件で），2ヶ月ほどで餌の量にほぼ比例する数に増え，その数は頭打ちになった状態で維持される（図3-17）。新しい子供は次々生まれるが，餌不足の個体が成長途中で死亡し，一定数しか成虫になれず，全体もほぼ一定数に保たれる（これを平衡状態と言う）。その時，成虫と幼虫の割合は約20%と80%である。このことは，チャバネゴキブリが天敵の少ない現実の発生現場（高温の場所）においてこの状態になる可能性を示す。すなわち，高い温度で隠れ場所と水があれば，短期間の内に餌の量に比例した数まで簡単に増えると言える。

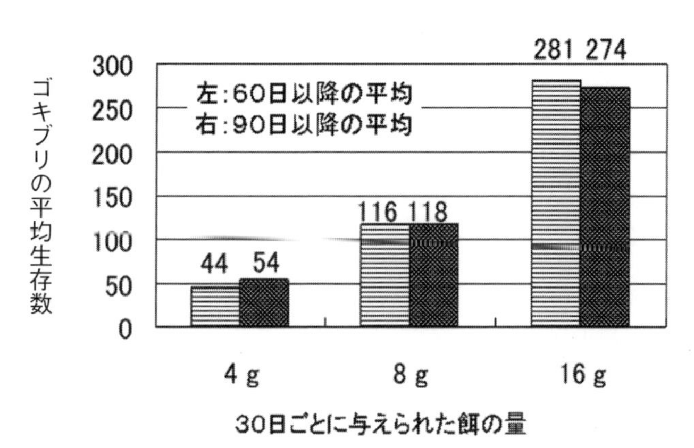

図3-17　毎月1回与えられる餌量と保たれるチャバネゴキブリ個体数との関係．工場や厨房で毎月放置される餌量から，現場のゴキブリ数を想像できる．ゴキブリ数の約2割が成虫である．（大野・辻（1972）の図から改変）

2　毎週餌を３ｇこぼすと1,500匹棲み着く

前節と同様に，チャバネゴキブリ雌成虫 10 匹を入れた飼育容器 6 個のそれぞれに毎週 3 g の餌を与え続け，毎週（数を数えるのが面倒なので）ゴキブリ全体の重さを測定してみると 40〜50 日で重量増加が頭打ちになり，15〜16g に保たれた（図 3-18）。この餌の量に対して満員状態（平衡状態）の容器のうち 2 個の容器のゴキブリを殺して調べると，1 容器のゴキブリ総数が 1,524 匹，そのうち成虫が 20%，1 齢幼虫（孵化後 4〜7 日までの幼虫）が 35%，2 齢〜終齢の幼虫が 45%だった（いずれもおよその割合）。

つまり，1 週間にわずか 3g の餌をこぼすだけで 1,500 匹余りのチャバネゴキブリ（そのうち 80%が幼虫）が棲み着くのである。調理場や食品工場では 1 週間に，いや 1 日に 3 g どころか，1 日に 100 g 以上の餌をこぼすことも起こり得る。もしそれを習慣的に放置したりすると，結果的に何万匹ものチャバネゴキブリを棲み着かせることになる（大規模な取り扱い場所ではそれ以上にもなる恐れもある）。これらのデータは環境を清潔にして餌をなくすことの重要性を示す。

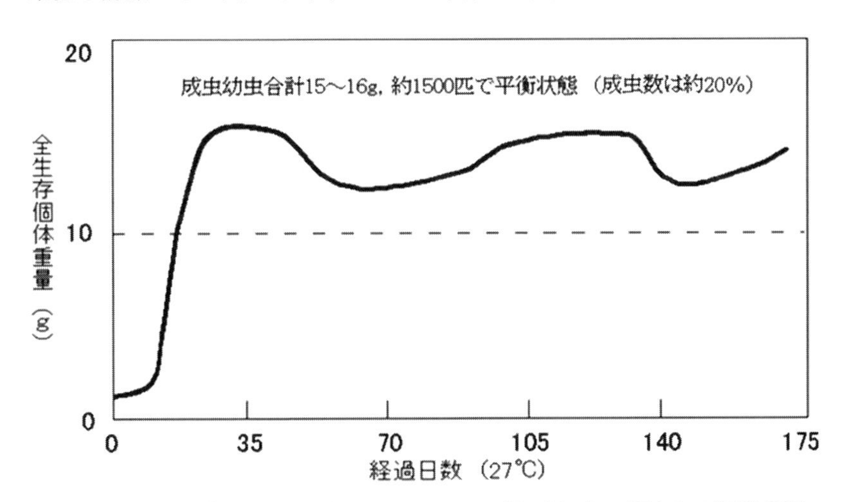

図 3-18　毎週 3g の餌を与えると約 1,500 匹のチャバネゴキブリが保たれる（平衡状態）．雌成虫 10 匹（卵鞘つき）からスタート．（6 容器，途中から 4 容器の平均）．現場で毎週放置される餌の量から，そこに棲むゴキブリ数を想像できる．この場合ゴキブリ数の約 2 割が成虫である．（大野・辻（1972）の図から改変）

このゴキブリ数の平衡状態からは，人口増の問題が連想される。食料の供給の限界を超えた人口増加はあり得ないので，やがて限界に達することになる。地球上で，食料の供給や輸入が限界に達する時のことを考えざるを得ない。

3 大量の餌をこぼすと爆発的に増える

前記のように餌に対して満員状態が続いているところに大量の餌をこぼすと大変である。ためしに1個の容器に3gの代わりに40gを入れてみると，10日で1.8倍にゴキブリの数が増加した（図3-19）。平衡状態のゴキブリ成虫幼虫の混合群の個体数が，餌の制限がはずれた場合，日数あたり同じ倍率で増殖していくと考えると，数十日で100倍以上に増えることになる。

このことは大量の餌をこぼさなくとも，重要な問題を示している。すなわち，満員状態（平衡状態）のチャバネゴキブリを99%殺しても，その殺虫効果がその時だけであれば，その後数十日で100倍となり元通りの数となることを意味する。なぜなら，ゴキブリを殺した分だけ餌が余り，新しい餌も追加されるからである。

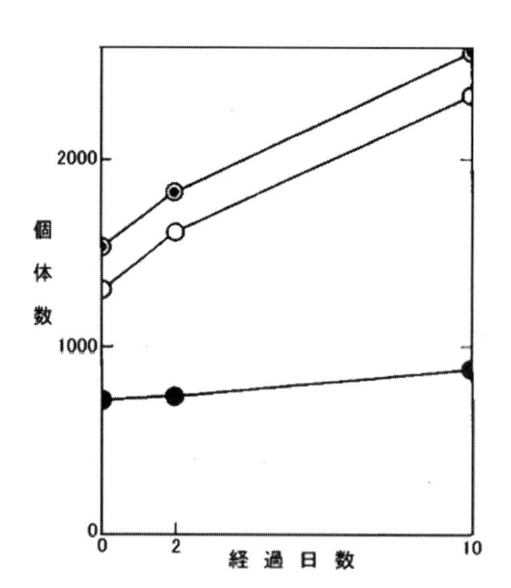

図3-19 7日ごとに3gの餌を与える条件下で平衡状態となった個体群に過剰（40g）の餌を与えた場合の個体数の増加：◎全虫数，○全幼虫数，●孵化（1齢）幼虫数．

だから，チャバネゴキブリ防除には一時的な殺虫でなく，餌や飲み水の除去が大切であり，それが困難な条件では，継続的に殺し続けるような方法が必要となる。ホウ酸入りの餌が有効なのはその性質があるからである。

4　水と隠れ場所が必須

ゴキブリ生存と繁殖には水は必須であり，隠れ場所も重要である。特にチャバネゴキブリは大型ゴキブリに比べて水不足には弱く，その欠乏は餌以上に深刻な影響を与える。餌の欠乏に比較的耐える卵鞘保持雌成虫でさえも，水を与えないと6〜8日で全滅し，これは乾燥餌を与えても改善しない（辻，1995）。水のない状態で数日放置されたゴキブリは，やはり水を求めて殺到するのである。これが水分を含んだベイト剤がより速効的となる理由である。ちなみに大型種の大型個体では，水のない状態に30〜40日は耐えられる（Willis & Lewis, 1957）。

日中むき出しの場所でゴキブリが見られることはまずなく，必ず隠れ場所や陰となる場所にいる。つまり隠れ場所の無いところに棲息することは困難と言える。チャバネゴキブリに餌と水を常時与えて飼育し，隠れ場所（隙間のあるシェルター）の有無の影響をみると，3ヶ月後のゴキブリ個体数は，隠れ場所のある方が5〜8倍多かった。また，シェルターも隙間の多い方が，ゴキブリが多く発生し，シェルターの素材も，アルミ板よりベニヤ板，タイル，プラスチックの方が，2倍ほどゴキブリが多くなった（平尾・田原，2002）。

人間の住環境は隙間や物陰だらけであるが，それでもなるべく隠れ場所となる隙間や，ゴキブリの好む素材を減少させる工夫が必要である。

5　天敵の影響

自然状態ではクモ，ハチ，ネズミのような天敵の影響が考えられるが，チャバネゴキブリの場合はほとんど人工的な環境下のためか，天敵の影響を現場で実感できない。生存できる温度湿度条件下において，個体数は餌と水次第と言えるほど大きな繁殖力を実現しているようにみえる。また，屋内では，そもそも天敵の存在を異物として，人間が許さないことも一因である。

6 大型ゴキブリ種の場合

クロゴキブリやヤマトゴキブリの個体数も，本質的にはチャバネゴキブリと同様に，餌，水，隠れ場所の3要素に依存していると言える。しかし，これらの種類は屋外に多く棲息している点で，屋内のみに棲息するチャバネゴキブリと異なり，屋外の棲息環境からの侵入を考慮せねばならない。

屋外の樹洞内，樹皮下などの自然条件下，コンクリート構造の隙間，植木鉢やプランターの下，排水管内部，屋根裏，農具小屋などの人工環境，

ゴキブリと水・絶食

ゴキブリも人間同様，水分を強く求める。なかでも，水分の摂取を止めると比較的速く死亡するのは小型種のチャバネゴキブリで，夏季（27℃）ならば雄成虫が1週間足らず，雌成虫でも10日足らずで全滅する（辻, 1995）。この場合，乾燥した餌を与えても死亡を防ぐことができず。寿命を延長できない。これらのデータは，水を接収できない荷物とともにチャバネゴキブリが生きたまま運ばれる日数の限界として参考になる。

ゴキブリは餌や水分を求めて自力で移動する。それゆえ，水分がないと直ちに死亡するのではなく，あるところへ移動するのである。ゴキブリは引き続き水や餌に近い場所に潜伏することになって，いわゆる好みの棲息場所を形成する。このような場所で急速にゴキブリを駆除するには，水分や餌となるものの露出をなくして，ベイト剤（毒餌）の効率を高める必要がある。

一方，ワモンゴキブリやクロゴキブリのような大型ゴキブリでは，水分の摂取なしで生存する期間は雄で30日前後，雌で40日前後と長く，荷物とともに長距離を運ばれる可能性は一層大きくなる（Willis & Lewis, 1957）。しかも水や餌を求めて移動する距離も長いので，より遠くから自力で侵入することが可能である。これらの大型ゴキブリは，潜伏場所や産卵場所としてチャバネゴキブリより高湿度の場所を選ぶことからも，水の存在とより深い関係があると言える。

家の周りの犬小屋の下や生ゴミ容器の下などに潜伏し，天然および人工の飲食物を食べている。とくに家や施設周りの構造物や，生ゴミ，家畜やペットの餌など人為的な餌の増加に注意が必要である。

7　生理的な増殖能力

1匹の雌成虫から1年間に生ずる子孫の数として，産卵数や発育期間から計算上考えられる数は，チャバネゴキブリで20,000匹（石井，1976）や400,000匹（Kruse，1948）の数字，ワモンゴキブリで800匹，トウヨウゴキブリで200匹（Kruse，1948）の数字が示されている。天敵の少ない人工環境で，食べ物に恵まれると恐ろしいことになるはずだ。

引用文献

青木　皐・渡辺登喜郎・永田健二・村松武男（1981）*Blatta laterlis* の国内棲息．衛生動物，32(2):160.

Brown, V. K. (1973) The overwintering stages of *Ectobius lapponicus* (L.) (Dictyoptera: Blattidae). Journal of Entomology (A), 48: 11-24.

Evangelista, D., Buss, L., and Ware, J. L. (2014) Using DNA barcodes to confirm the presence of a new invasive cockroach pest in New York City. Journal of Economic Entomology, 106(6): 2275-2279.

藤田　裕（1956）ゴキブリの研究（第3報），卵のふ化機転について．衛生動物，7: 114.

藤田　裕（1959）クロゴキブリの生態学的研究．京都府立医大雑誌，65(App 1): 1270-1281.

藤山静雄・石田剛之・Shailendra Kumar Shah（2012）外来種ヤンバルトカゲヤスデの生態と大発生―キシヤスデとの対比を中心に．信州大学環科学年報34号．

Gunn, D. L. (1935) The temperature and humidity relations of the cockroach. III. A comparison of temperature preference, rates of desiccation and respiration of *Periplaneta americana*, *Blatta orientalis* and *Blattella germanica*. Journal of Experimental Biology, 12(3): 185-190.

平尾和也・田原雄一郎（2002）チャバネゴキブリ，*Blattella germanica* の繁殖要因としてのシェルターの影響．ペストロジー学会誌，17: 29-32.

Imai K. (2011) Cockroach assemblages and habitat segregation in three sites in Osaka City, central Japan. Japanese Journal of Environmental

Entomology and Zoology, 22(3): 139-45.
石井象二郎（1976）ゴキブリの話．北隆館．193pp.
岩崎素子（2000）ヤマトゴキブリの発育に及ぼす日長の効果，Medical Entomology and Zoology, 51(3): 195-204.
桐谷圭治・湯川淳一（2010）地球温暖化と昆虫．全国農村教育協会，346pp.
小松謙之・内田明彦（2011）チャオビゴキブリ *Supella longipalpa* 発生事例．日本ペストロジー学会大会講演要旨．
Kruse, C. W. (1948) Roach control. Soap & S. C. 24(111): 131, 133, 135, 137, 139, 169.
Lees, A. D. (1955) The physiology of diapause in arthropods. Cambridge University Press. 151pp.
松沢　寛（1963）香川県地方におけるクロゴキブリの季節的消長．衛生動物，14: 97-98.
中野敬一（1996）都市屋外のゴキブリ生息調査．家屋害虫，18(1): 9-16.
中野敬一（2012）都市屋外のゴキブリ生息調査―Ⅸ　プランターにおけるクロゴキブリの生息調査―．ペストロジー，27: 13-17.
緒方一喜（1976）ゴキブリのすみつき要因に関する研究. 第2報, チャバネゴキブリの各種環境での発育パターン．衛生動物，27(4): 242-245.
緒方一喜・田中生男・安富和男（1989）ゴキブリと駆除．日本環境衛生センター．197pp.
大野茂紀・辻　英明（1972）餌の量に支配されるチャバネゴキブリ現存量の平衡と幼虫率およびトラップに対する個体の反応．衛生動物，23: 72-81.
Patterson, R. S., Koehler, P. G. and Benner,R. J. (1986) Personal communication to Roth, L. M.
Pinto, L. (1987) Battling American roaches. Pest Control, August: 40, 41: 44-48.
Roth, L. M. (1970) Interspecific mating in Blattaria. Annals of Entomological Society of America, 63: 1282-1285.
Roth, L. M. (1986) *Blattella asahinai* introduced into Florida (Blattaria: Blattellidae). Psyche, 93: 371-374.
Shindo, J. and Masaki, S. (1995) Photoperiodic control of larval development in the semivoltine cockroach, *Periplaneta japonica* (Karny), Blattidae; Dictyoptera), Ecological Research, 10(1): 1-12.
角野智紀・齋藤はるか・市岡浩子（2006）愛知県におけるトルキスタンゴキブリ *Blatta lateralis* (Walker) の倉庫内での棲息状況．ペストロジー，21(1): 13-16.

田原雄一郎・小林　腆（1971）積雪地帯でのヤマトゴキブリの屋外越冬に関する一知見．衛生動物，22(3): 76-77.

高木正洋（1974）クロゴキブリ（*Periplaneta fuliginosa*）の生態学的研究Ⅰある独立家屋における自然個体群の周年経過と分布．衛生動物，25: 27-34.

Takagi, M. (1978) Ecological studies of the smoky-brown cockroach, *Periplaneta fuliginosa*. III, Rearing experiments on the adult emergenc, longevity, oviposition, and the development of the egg stage outdoors in Tsu, Mie prefecture. Mie Medical Journal, 18: 9-19.

田中和夫（2003）トルキスタンゴキブリ *Blatta lateralis* (Walker, 1868) 覚え書き．家屋害虫，25(2): 101-106.

Tanaka, K. and Tanaka, S. (1997) Winter survival and freeze tolerance in a northern cockroach, *Periplaneta japonica* (Blattidae: Dictyoptera). Zoological science, 14(5): 849-853.（日本動物学会）

Tanaka, S. and Uemura, Y. (1996) Flexible life cycle of a cockroach, *P. japonica*, with nymphal diapause, Journal of Orthoptera Research, No.5, Aug. 213-219.

富岡康浩・山地啓悦（2010）青森市におけるワモンゴキブリの生息状況および東北地方の２産地の記録．家屋害虫，32(2): 79-81.

Tsuji, H. (1975) Development of the smoky brown cockroach, *Periplaneta fuliginosa*, in relation to resistance to cold. Japanese Journal of Sanitary Zoology, 26: 1-6.

辻　英明（1984）本邦蜚蠊類における生態学的諸問題．環境生物研究会，41pp.

Tsuji, H. (1985) The life cycle of *Blattella nipponica* Asahina in Kyoto. Kontyu, 53: 42-48.

辻　英明（1988）都市化とゴキブリの適応．採集と飼育，50: 446-449.

辻　英明（1989）ゴキブリの都市適応.（ロビンソン, W.H.・辻　英明 編著：都会におけるゴキブリの生態と防除）．環境生物研究会，京都，34pp. 1-14.

辻　英明（1995）チャバネゴキブリ成虫卵鞘保持雌の摂食活動—特に食毒剤に対する反応について．ペストロジー学会誌，10(1): 5-9.

辻　英明（2004）種の分化に関する論文２題の再録について．環動昆，15(3): 189-195.

辻　英明（2011）屋内ゴキブリ—写真と参考データ—．環境生物研究会，94pp.

Tsuji, H. (2013) Reprinting 2 papers on speciation. (Translated from the Jpn. J. Environ. Entomol. Zool. 15(3): 189-195, 2004 (In Japanese). KSK Institute for Environmental Biology. Kyoto.

辻　英明・木藤　慎（2002）静岡市南岸のサツマゴキブリについて．環動昆，7(1): 139-141.

Tsuji, H. and Mizuno, T. (1972) Retardation of development and reproduction in four species of cockroaches, *Blattella germanica*, *Periploaneta americana*, *P. fuliginosa*, and *P. japonica*. Sanitary Zoology, 23: 101-111.

Tsuji, H. and Mizuno, T. (1973) Effect of a low temperature on the survival and development of four species of cockroaches, *Blattella germanica*, *Periplaneta americana*, *P. fuliginosa*, and *P. japonica*. Japanese Journal of Sanitary Zoology, 23: 185-195.

Tsuji, H. and Tabaru Y. (1974) Stage composition of overwintering populations of the Japanese cockroach, *Periplaneta japonica*. Japanese Journal of Sanitary Zoology, 23: 185-195.

Tsuji, H. and Taneike, Y. (1990) Diapause at high temperature in older nymphs of the smoky brown cockroach, *Periplaneta fuliginosa* (Serville). Japanese Journal Environmental Entomoloty and Zoology, 3(2): 84-87.

辻　英明・種池与一郎（1990）クロゴキブリとヤマトゴキブリの生活史模式図．環動昆，2(1): 42-43.

辻　英明・種池与一郎（1991）クロゴキブリ *Periplaneta fuliginosa* (Serville) とチャバネゴキブリ *Blattella germanica* Linnaeus に対する低温の効果，一特にクロゴキブリ幼虫の休眠消去について一．環動昆，3(1): 7-14.

辻　英明・種池与一郎（1993）ゴキブリ類の生活史と休眠．（和田義人・辻　英明（編），衛生害虫の発育休止と移動．74pp. 環境生物研究会）p.51-60.

Willis, E. R. and Lewis, N. (1957) The longevity of starved cockroaches. Journal of Economic Entomology, 50(4): 438-440.

山口　杲（1963）ゴキブリの生態学的研究（Ⅰ）クロゴキブリ，チャバネゴキブリ，トビイロゴキブリ，の越冬に関する観察．衛生動物，14: 97-98.

Zhu, D. and Tanaka, S. (2003) Presence of three diapause in a subtropical cockroach; control mechanisms and adaptive significance. Physiological Entomology, 28: 323-330.

Zhu, D. and Tanaka, S. (2004) Summer diapause and nymphal growth in a subtropical cockroach: response to changing photoperiod. Physiological Entomology, 29: 78-83.

Ⅳ. ゴキブリの行動

ゴキブリの潜伏行動

1 夜行性で昼間潜伏

夏期のゴキブリは，昼間直射日光を避けて隠れ場所に潜み，夕暮れから夜間に外出して食べ物や交尾相手を求めて活動する（写真4-1）。

昼間，ゴキブリは隙間や物陰に潜伏し，自分のサイズに合った隙間を好む。たとえば，クロゴキブリ，ヤマトゴキブリ，ワモンゴキブリの各成虫は，0.5cmや2cmよりも1cmの隙間を好み（写真4-2），チャバネゴキブリ成虫は，1cmより0.5cmの隙間を好む（Tsuji & Mizuno, 1973; 水野・辻, 1974）。

潜伏場所は，餌や飲み水に近い場所に多く，自分たちの排泄物や分泌物で汚れている方が落ち着く。複数個体が同様の好みで潜伏場所を選ぶので集合性が認められる。このような汚れやふんの多いところは特有の臭いがするので，潜伏場所の発見に役立つ。

クロゴキブリやヤマトゴキブリは野外では樹洞の中，樹皮下，樹上や地上の隙間，落ち葉の下などに隠れ，家屋内外では各種の人工的な隙間に潜伏する。しかし，クロゴキブリ，ヤマトゴキブリ，ワモンゴキブリ

写真4-1 夜間，屋外の樹液を摂食するクロゴキブリ成虫と幼虫（スズメバチとコクワガタとともに）．同所でノコギリクワガタも得られた．（2010年8月9日，東京都内の公園）

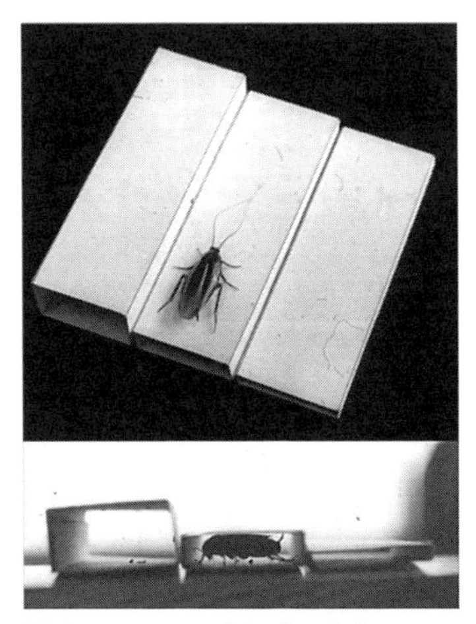

写真 4-2　クロゴキブリ成虫は 1cm の隙間を好む.

写真 4-3　高温時，1 匹ずつ隠れるヤマトゴキブリ成虫．クロゴキブリとワモンゴキブリも同様の性質がある.

などの大型種の成虫や中～大型幼虫は，やみくもに折り重なって集合しているのではなく，高温条件下ではむしろ互いにはねつけ合い，隣接する別々の隙間に入る傾向がみられ（写真 4-3），逆に低温条件では互いに接近して同じ隙間に隠れる性質がある。したがって，越冬中に隠れ場所の遮蔽物などを取り除くと多数の個体が発見される。

これらの種類でも小型幼虫は高温条件下で互いに接近し合う性質が強く（写真 4-4），同じ隙間に集団を作る（Tsuji & Mizuno, 1973; 大野・辻, 1974）。集団を作る性質は，刺激しあい，そろって成長するのに役立っているようで，無理に 1 匹で飼育すると 10 匹以上で飼育した場合の 2～3 倍の成長日数がかかる（ワモンゴキブリの例，Wharton et al., 1967;

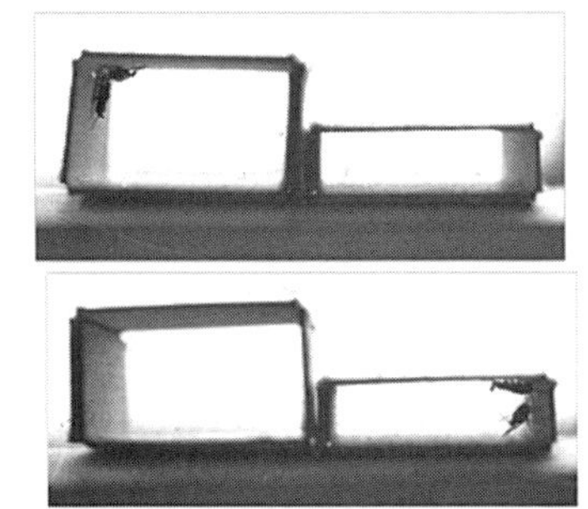

写真 4-4　隙間の広さに関係なく集合するクロゴキブリの孵化幼虫（＝1 齢幼虫）．左：16 匹の集合潜伏，　右：2 匹の接近潜伏.

石井，1976）。

チャバネゴキブリの場合は中型幼虫や成虫でも1cmより0.5cmの隙間を好み，新しい隙間には1〜2匹では落ち着かず，成虫が多数同時にいる場合は集団で隙間に入る。これは，分泌物や排泄物で条件づけられた環境への好みとみられる（水野・辻，1974）。このような集合安定化には，ゴキブリ自身の分泌物で集合フェロモンと呼ばれる物質が重要な働きをしていると考えられる。

クロゴキブリやワモンゴキブリなどの大型種は湿気の多い場所に潜む傾向が認められるが，チャバネゴキブリは壁の隙間などの他，乾燥した木材，紙，布，鉄製ラックなどの隙間やコーナーにも多く認められる。ステンレス板で覆われた木製の流し台はゴキブリに好まれ，木材とステンレス板との間の隙間は餌にも水にも近い場所として，クロゴキブリにもチャバネゴキブリにも適した潜伏場所である。

2　追い散らさず駆除に利用する

このような隠れ場所の発見と処理は，ゴキブリを駆除するために特に有効である。しかし，忌避性の殺虫剤などでゴキブリを追い散らすと，無処理の位置に移動することになる。

ゴキブリが自ら集まる隠れ場所は，むしろ効率よくまとめて駆除する場所として利用し，そこにベイト剤や忌避性のない殺虫剤を施用することが望ましい。隠れ場所は雌成虫によって優先的に利用され，雌成虫の駆除がチャバネゴキブリ数の抑制に最も有効なので，その意味でも重要である。

3　隠れ家ではカカア天下

チャバネゴキブリの雄成虫16匹が入っているシェルター（隠れ場所）を新しい容器の中に置き，その後で同数16匹の雌成虫を容器中に放すと，30分〜1時間で全部の雌成虫がシェルター内に入り，雄成虫の多くがシェルター外に出た。その後の昼間の観察時には，そのまま雌が優勢

にシェルター内に潜伏していた（7 日間確認）。

逆に，雌成虫 16 匹が入っているシェルターを容器の中に置き，その後で同数（16 匹）の雄成虫を容器中に放すと，昼間の雌成虫は優勢に潜伏し，外で休息する個体はほとんどなく，一方，雄成虫でシェルター内に潜伏する個体は少なかった（Takahashi et al., 1998）。これは，隠れ場所をめぐって，雌成虫と雄成虫との間に相互作用があり，雌成虫が優先的に潜伏することを示している。

4 隠れ場所からの行動範囲

チャバネゴキブリは小型であり，行動範囲が狭いので，奥行き 10 m の厨房で，手前 5 m の範囲に多くのベイト剤を配置しても，5 m より奥のチャバネゴキブリは減少しない。部屋の一部にベイト剤を置いて，部屋全体のチャバネゴキブリを呼び寄せで駆除することはできないのである。

チャバネゴキブリの幼虫や雄成虫，卵鞘を持たない雌成虫は，毎晩活発に行動するが，餌や水が近くにあれば，あえて遠い餌場には行かないし，新しい隠れ場所に引っ越ししない（小曽根ら，1995）。だから毒餌で駆除する場合，隠れ場所をはずさないように広く毒餌を置く必要がある。卵鞘を保持する雌成虫は，餌や水を取りに隠れ場所から出てくる頻度が少ないが（Cochran, 1983），それでも卵鞘保持中に水と餌の両方を摂取する必要があり，至近距離に適当な毒餌があれば，すぐ反応して有効なのである（辻，1995a）。

大型のクロゴキブリは，屋外から侵入するなど，行動範囲が広いので，数 m 以上の間隔で置かれたベイト剤でも比較的早くヒットして，死体が現れる。

5 野外の潜伏と外出

明るさや，周辺の人間の動きを（おそらく他の動物の動きも）避けるゴキブリは，野外の日光の下や，騒々しい場所で活動することはなく，

日陰や潜伏場所に隠れている。クロゴキブリやヤマトゴキブリの成虫や成長した幼虫は，樹洞の中，樹幹の裂け目，枝や根元の分かれ目，地上の石の下など，自然の隙間が隠れ場所である（写真4-5）。

しかし，静かな日陰の環境であれば，昼間でも隙間から出ていることは珍しくない。筑波に通じる街道筋で，静かな林の木漏れ日の中，半分枯れかかった細い木の幹を見上げると，結構明るい先端近くの表面にヤマトゴキブリの成虫がとまっていて，こちらが近づくとアッと言う間に30cmほど上に駆け上がり，そこにあった500円玉程度の孔の中に消えた。その素早かったこと。おそらく，そこが隠れ家の入り口であり，静かな日中は近くで間食などしているのかもしれない。まったく同様のことを，滋賀県の河原の林でも経験した。茨城県でも桜の木が密に植えられた薄暗い林の中で，ヤマトゴキブリ成虫が，大枝の分かれ目近くを，少し慌て気味に歩くのを目撃した。

さらに普遍性のある経験と言えるのは，少年時代のカブトムシ採集で

写真4-5　左：樹洞のある樹木．右上：左の樹洞の拡大（中からヤマトゴキブリの幼虫を得た）．右下：コンクリートと枯葉の間に隠れたクロゴキブリの終齢幼虫（頭隠して尻隠さず）．

ある。真夏の日中，クヌギの木にはカブトムシ，クワガタムシ，カナブン，スズメバチなどの常連のほか，時折ゴキブリも熱心に樹液を食べていた。

これは夜間でも同様であり，写真4-1に示した最近の都心の公園でも，夜間のクロゴキブリ，ヤマトゴキブリ，コクワガタ，モンスズメバチの活躍が写っている。実は，前日同じ場所で，立派なノコギリクワガタの雄を採取したのだが，その時写真を撮ればよかったと後で反省した。ゴキブリの観察中であるのに，思わずそれを採取したのは，何かを予感していたのかもしれない。というのは，まもなくセミの幼虫を取りにきたという父子連れに出会い，それを小学校1〜2年生らしい少年にプレゼントしたのである。都心の自宅近くで見る自然のクワガタムシとゴキブリには，親子共に驚いた様子だった。

山とゴキブリの想い出

少年時代，山道に沿って虫取りをしていると，ときにゴキブリに出会うことがあった。樹液を食べにきているのである。それを気味悪く思いながらも，カブトムシが昼も夜も面白いほど捕れた，あの三島市の山裾の想い出は，戦争直後の食料なし，住宅なし，父の失業，姉の病死，自分の罹病，病院の費用なし，学費なし，南九州での居候生活などの想い出を懐かしいものにしてくれる。

カタ，コト，と音がして，曲がり角から車を引いた赤牛が急に出てきたあの山路も，もう何十年も前から高層住宅群となって，跡形もない。しかし，そこから見える富士の姿はそのままで，それを元気だった妻に見せてあげられたのは，亡くなった今となって，やはりよかったと思う。

ゴキブリの餌選び

1 昆虫の餌選び

昆虫の餌選びと言えば，カイコはなぜ桑の葉だけ食べるのか，アゲハチョウの幼虫はなぜカラタチの葉を食べるのかなどは興味ある問題であるが，ゴキブリはなんでも食べてしまう雑食性であるから，特に問題ではないようにも思われるかも知れない。実際，カイコの摂食行動の物質的な根拠に関する研究は1960年代に非常に注目されたものである。その結果，桑の葉には，誘引する物質，噛みつかせる物質，飲み込ませる物質が存在することがが明らかにされた（発育のためには栄養物質も必要）。

2 餌を探し回るゴキブリ

すでに示したように，ゴキブリは一定の餌の供給量に対して一定の数以上には増加できない。実際，ゴキブリが極端に多い場所は餌の供給が極端に多いが，それでも年々増加していかないところをみると，極端ながら一定の限界（満員状態）にあると言える。そのような状態で，ゴキブリはどのように餌を求めているのだろうか。

図4-1に示した先の実験で，餌の量に対して満員状態（平衡状態）になっているゴキブリの容器に中に円筒形のガラス容器のトラップを置き，毎日捕らえられるゴキブリの数を調べた。トラップには餌は入っていないが，歩き回るゴキブリがよじ登り，中に滑り落ちると外に出られないように，内側の上の部分に油が塗ってある。捕まったゴキブリは毎日容器内に逃がしてやったので，餌の量に対するゴキブリの満員状態には変化がない。しかし，餌は7日ごとに3g与えられるので，与えられた直後の餌の量が一番多く（3g），その後は食べられて急激に減り，次に与えられる直前に一番少なく（ゼロ）になった。

トラップに捕らえられたゴキブリの数を図4-1に示す。餌を与えられた直後が一番少なく，歩きまわってトラップに落下したゴキブリの数が

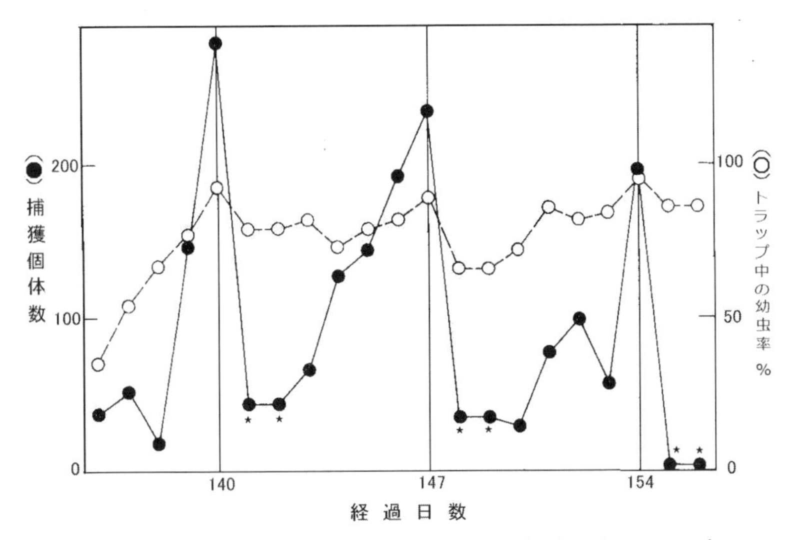

図 4-1　個体数が餌と平衡状態のチャバネゴキブリ容器内のトラップ虫数調査結果.

一番少ないことがわかる。その後食べられて餌が不足するにつれてトラップに入る数は急上昇し，次に餌が与えられる直前に最高になった（最低数の 5～50 数倍）（大野・辻，1972）。

この結果は，ゴキブリは近くの餌が無くなると空腹となり，餌を求めて活発に歩き回ることを示している。チャバネゴキブリ成虫は，水を与えても餌がないと，25℃で雄が 5～10 日，卵鞘を持たない雌が 7～14 日で死亡する（辻，1995a）ので，1～2 日の絶食も我慢ならないようである。実際，このようなチャバネゴキブリの容器にベイト剤（ホウ酸ダンゴ）を一昼夜だけ入れると，その後は無毒の餌に代えても，ゴキブリはほとんど全滅する。つまり，これは毎晩餌を食べている証拠である。ベイト剤がゴキブリ駆除に有効なのは，このような性質によるものと言える。

ただし，卵鞘を保持した雌成虫は，水だけで飼育すると，餌がなくても 16 日まで生存し，全滅までに 30 日以上かかる。にもかかわらず，やはりベイト剤を一昼夜与えるだけで後日全滅するので，やはり目前の餌は多少なりとも食べるのである。

3 ガの餌とゴキブリの餌の研究

筆者は学生のころ，玄米の害虫であるノシメマダラメイガ幼虫の不思議な発育休止（休眠）を研究していた。季節的には，夏から秋にかけて大型幼虫で成長が止まり（休眠し），それから寒い冬がやってくる。冬寒くて休眠するのではなく，まだ暖かいうちに休眠して越冬に入るのである。休眠とはただ発育が止まるだけではなく，その前に普通以上に食べてエネルギー（体の脂肪など）を蓄え，時には移動するなど準備が必要なのである。ノシメマダラメイガは，気温がやや下がることや，日の長さ（日長）が短くなることなどに反応し，老熟幼虫で休眠する。

一方，温度が下がらなくても，産卵が集中して孵化幼虫が混み合った場合も，その後（十分な餌を食べてから）老熟幼虫で休眠する。産卵の集中や幼虫の混み合いは，やがて餌の不足につながるから，この休眠は新しい餌が来るまでの時間稼ぎに役立つ。さらに興味あることには，その休眠幼虫を新しい餌（米ぬか）に入れてやると休眠が破れて蛹となり，引き続き成虫となるのである。つまり餌があると繁殖を再開するのである。

筆者はこの時点で民間の製薬会社に入社した。その入社の面接の際にはこの問題に興味があることも述べた。昆虫の発育を支配できる化合物が害虫防除に役立つ可能性があると感じていたからである。ホルモン作用物質や脱皮阻害物質などの実用化研究が，世界的にもはじまろうとしていた。入社後，実際に米ぬかの抽出物について検討を加えた。溶媒のエーテルやアルコールで洗って溶ける成分を抜いた米ぬかには効果がなかった。つまり米ぬかからの抽出物の中に休眠を破る物質があり，実際それをろ紙にしみ込ませて休眠幼虫を放すと効果を示した。しかし実験には幼虫を休眠させることや休眠を消失させ蛹とするまでにも日数が必要で，しかも有効物質の揮発性が高いらしく，成分の分別作業の途中で効果が失われ，特定が困難のまま過ぎた。

昆虫学や生態学を専攻した筆者が，入社早々から見よう見まねでこのような作業や勉強に集中できたことは，有効薬品を探し開発する最高の研究所という環境のおかげだった。遺伝や進化について物質的基礎から考えるようになるなど，後年の仕事にも大いに役立つ経験だった。

4　ついでのいたずら

ある日，試しにこの抽出物をスポット状につけたろ紙を，大型のワモンゴキブリの飼育容器に入れたところ，ゴキブリがその部分を猛然と食べて穴をあけたのには驚いた（写真4-6）。後で考えれば当然だが，カイコと同様のことが雑食性のゴキブリでもあるのだと直感した。同時に猛然と誘引するものや，猛然と食べさせるものを明らかにすれば，ホウ酸ダンゴなどゴキブリ防除剤にも役立つと思われた。さらに試験結果として空腹のゴキブリの反応が素早く，判定が簡単にできたので，こちらの研究が一気に進むことになった。

最初はおおざっぱに，米ぬかを油が溶けやすいエーテルで抽出し，油の抜けた米ぬかをさらにアルコールで繰り返し抽出し，香りも味もないろ紙の上に抽出物で別々にスポットを作り，その他に両方を重ねて一つのスポットにしたものと，合計3個のスポットのあるろ紙をゴキブリ幼虫の容器に入れると，二つを重ねたスポットに多数が集合し，エーテル抽出物には誘引されるが落ち着かず，アルコール抽出物のスポットにはほとんど集合しなかった。

よく見ると，二つが重なったスポットにはゴキブリが近寄るだけでなく，中心部（アルコール抽出物の部分）のろ紙を食べ続けていた。つまりエーテル抽出物（油）が誘引し，アルコール抽出物が誘引はしないが噛みついてろ紙を食べ続けさせていたのである。

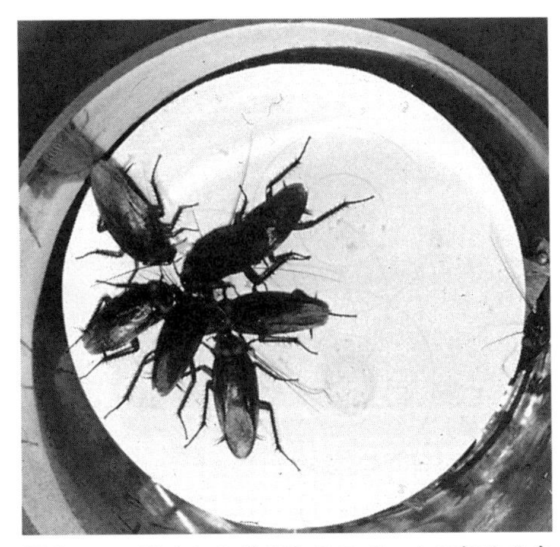

写真4-6　米ぬかの抽出物のスポットの部分を食べるワモンゴキブリ.

油の主要部分は文献的

に知られる天然油脂の一般的構成と共通点が多いと判断され，中性部分も酸性部分も誘引性と若干の食べさせる作用とが認められた。アルコール抽出部分は水に溶けるもので，糖類やその類縁物を含むことがわかった。そこで，入手できる既知のサンプルや，一部は手元で合成直後のサンプルを用いた試験も行うこととした。

5 試験方法の改良

実際の餌に混ぜる場合は別として，個々の成分の効果を見る場合には，香りも味もないろ紙に鉛筆で直径2 cmほどの円をいくつか描き，その中に収まる程度に薄めた物質をしみ込ませスポットに対するゴキブリの反応を調べた。

糖類や揮発性の少ない油などの噛みつかせる作用を調べる場合は，スポットを乾燥させたろ紙を空腹のゴキブリが隠れているシェルター（巣）の上に乗せ一昼夜放置すると，ゴキブリが口ヒゲでろ紙表面を探って歩き，味がある部分に噛みつくので，その噛み跡で判断できた。

匂いのする誘引成分の場合は，あらかじめろ紙上に，誘引性はないが噛みつかせる成分（糖類）を処理したスポットを4個作っておき，そのうち2個の上に試料を重ねて処理し，乾燥後にゴキブリのシェルターの上にのせると，試料に誘引性があれば空腹のゴキブリが直ちに現れて重ねて処理したスポットだけを選んでろ紙に噛みき続けるので，その状態や噛み跡の位置から有効性を判断できた（「Ⅶ．ホウ酸ダンゴ」の項を参照）。

6 結果

結果として，水に溶ける糖類やその類縁物質が噛みつかせてろ紙を食べさせる成分として重要であり，また天然の油成分（脂肪酸や関連物質とそのエステル類，アルコール類）が誘引成分として重要であり，その一部は噛みつかせる作用もあることがわかった。

つまりゴキブリは雑食性だが，なんでもかまわず食べるのではなく，離れた場所から触角で感ずる好みの香りによって誘引され，現物に口ヒゲで触れて味に反応して食べるのである。もちろん水分にも反応する。また，空腹の程度が強いほどゴキブリの反応は敏感であるが，食べ物に直進するのではなく，においの方向（角度）を探りながら接近する。

7 誘引か偶然か

餌が数cm以上の距離からゴキブリを誘引する実験的根拠がないとか，ゴキブリが意識的に近づくのではなく偶然行き当たるのだという見解や解釈もある（Reierson, 1995）。それは不適当な実験設定に原因がある。たとえば，互いに15cm離れた粘着トラップ2個を置いて，等距離の2等辺三角形の頂点の位置にチャバネゴキブリの潜伏シェルターを置いて

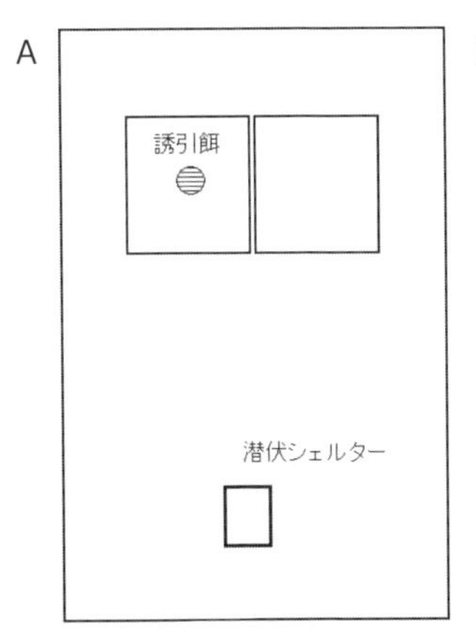

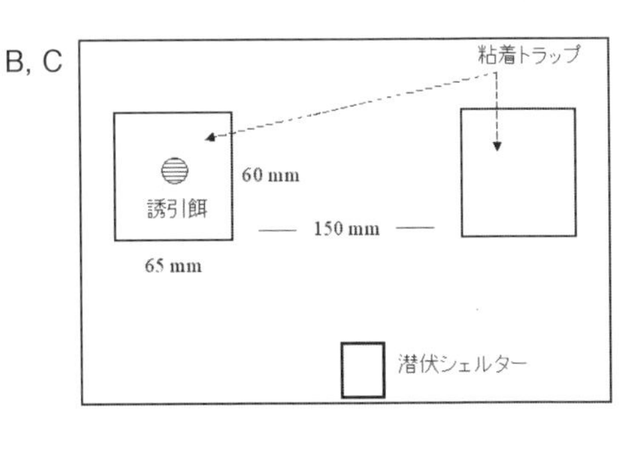

図 4-2 誘引餌の有無によるチャバネゴキブリ粘着トラップ試験の装置.

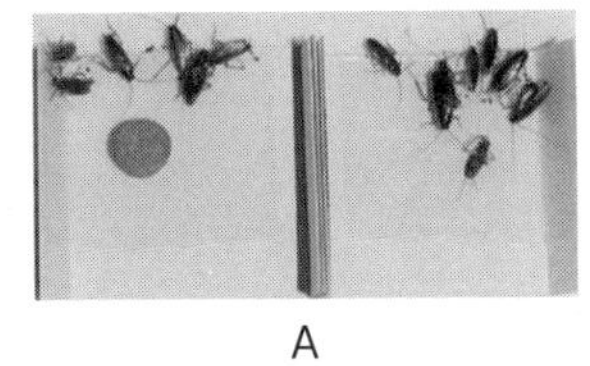

A B C

写真 4-7 図 4-2 の誘引餌の有無によるチャバネゴキブリ粘着トラップ試験の結果. 有無 2 トラップが隣接する場合は識別が困難で，15cm離れた場合は識別良好（2 トラップの写真は実験後に並べて撮影）.
A：餌の有無，2 個のトラップを隣接して設置した結果（10 雄＋ 10 雌）
B：餌の有無，2 個のトラップを 15cm間隔で設置した結果（5 雄＋ 5 雌）
C：B と同様だが，餌を 2 個使用

選ばせる実験を行うと，餌を付着させた粘着トラップに圧倒的に多くのチャバネゴキブリが捕獲され，明らかに餌に誘引されることを示す。ところが餌つきトラップと餌なしトラップとを5cm以内に隣接させて選ばせると2個の捕獲数に差がない（辻・立岩，2002）（図4-2，写真4-7）。

これは，ゴキブリがすでに近くまで誘引されているのであるが，5cmのように近い2区域の識別は（匂いに対する触角による）誘引反応では困難なことを示している。実際，この段階からは口器に付属する感覚器官（短いヒゲ）で味を調べながら餌の位置を接触によって確認する。Reierson（1995）が紹介した実験は，すでに食べ物付近に到達した状態で細部を探索させる実験だった。

このように，ゴキブリは餌を光源のようにピンポイントで認知して接近するのではなく，餌への誘引は匂いによるもので，それを運ぶ空気の流れに対し定位試行と補正を繰り返して（匂いの強い方向に）接近するといえる。接近してからは手探り状態で（匂いだけでなく，味などで）誘引物に到達する。だからトラップ同士が近すぎると，試行と補正の行動範囲に含まれる餌なしのトラップにも踏み込んで，捕獲されてしまうとみられる。

8　雑食性だがグルメ

ゴキブリは人間同様に雑食性で，人間の食べる植物性，動物性食品はたいてい食べる。好物としてはパン，ふかしたジャガイモ，米ぬか，ヒ

写真4-8　配合を工夫した毒餌（中央）には，米ぬかだけ（左）より圧倒的に多くのゴキブリが集まって食べる．右は別処方の餌．

エ，バナナ，タマネギなどが知られる。もちろん，これらに研究によって確認された誘引物質や摂食促進物質を加えると，さらに飛躍的に食べる量が向上する。たとえば，米ぬかに砂糖，あるいは麦芽糖を加えると，米ぬかだけより圧倒的に好まれる餌になる。

これらの性質を利用して誘引性や摂食性の良好な食べ物を処方し，忌避性の少ない殺虫成分を加えれば，有効なゴキブリ用のベイト剤を作ることができる（写真 4-8）。

9　ゴキブリも食べ飽きる

ゴキブリの好む餌があり，種類により多少異なることも知られている。しかし，人間同様，同じものばかり食べると別のものが食べたくなる。

チャバネゴキブリの成虫に，米ぬかを餌として与えて 18 日間飼育し（飲み水は常に与える），この成虫に米ぬかと乾燥果実（乾燥アプリコット）を並べて与え反応をみると，乾燥果実の方を好んで食べた。しかし，乾燥果実の方が好きだと簡単には言えない。その個体を乾燥果実だけで 10 日間飼育し，同様の（米ぬかと乾燥果実の）組み合わせを並べて，反応をみると，今度は米ぬかの方を好んで食べた。その個体を今度は米ぬかだけで 5 日間飼育し同様の反応をみると，またもや乾燥果実を好んだ。

乾燥果実を餌として 18 日間飼育し，その後で乾燥肉製品（ペット犬用のジャーキー）と並べた場合も同様で，乾燥肉への好みが現れる。その個体を乾燥肉だけで 10 日間飼育した後，乾燥果実と並べて与えると乾燥果実を好み，その個体を乾燥果実で 5 日間飼育して反応を見ると。またもや乾燥肉製品を好んだ。そして，乾燥肉と米ぬかに対する好みの関係も同様に変化したのである。

つまり，人間同様にゴキブリも，同じ餌ばかりでは飽きるのである。こうして，栄養のバランスが適当にとれるように適応していると考えられる。最近単身の筆者も，自分で食事の用意をすると，同じおかずを何回も食べることになり，反省することが多い。

この食べ飽き現象は，同一個体が一定の食事経験によって，食事の嗜好を臨時的に変化させるものであり，嗜好を遺伝的に変化させる現象ではない。

なお，上記の選好実験では，即時に反応させる目的で，2種の餌に対する反応前に2日間ゴキブリを絶食させた（辻，1995b）。

10 好き嫌いが遺伝する

食べ飽きにくらべて，実用的にもっと重要な事実として，同じ種類でも個体により食べ物（の風味成分）に対して好き嫌いがあり，それが遺伝することがわかっている。人間の嗜好や感覚の遺伝を考える場合にも，好適なと言うよりも，深刻な参考モデルと言うべきかも知れない。

ゴキブリに対して有効な新しい殺虫成分を活用し，ゴキブリが好む餌成分と混合して作られた市販食毒剤が好評であったが，やがてある地域のチャバネゴキブリに対して有効ではなくなり，現場のチャバネゴキブリが食毒剤を食べなくなっていることに気づいた。その原因を調べた結果，餌の成分として配合した大量のブドウ糖に対し，現場のチャバネゴキブリが忌避性を示し，それは遺伝的な形質であることが判明した（Silverman & Bieman 1993）。すなわち，この餌を好んで食べる形質を持った普通のチャバネゴキブリは有効に駆除されたが，やがて大量のブドウ糖に対して忌避性を示す一部のチャバネゴキブリが生き残り，以前と同様の数まで増殖してしまったのである。

少量のブドウ糖はゴキブリが好むデンプン系の食品などに普通に存在するが，この食毒剤製品は大量の成分として配合されていたことが問題だったと思われる。我々人間の場合も，日常の食品に調味料的に含まれる砂糖やブドウ糖は好まれても，それらを主食のように大量に与えられると我慢できない人もいるし，遺伝的な辛党の存在にも思い当たる。ちなみに，上記の製品は，その後ブドウ糖を他の成分に置き換えることによって，再び有効性を取り戻した。

抗生物質などの医薬品に対し病原菌が耐性を発達させるのと同様に，チャバネゴキブリやイエバエが殺虫剤に対して抵抗性を発達させることは通例であり，よく知られた事実だ。さらに，殺虫成分を体に取り入れる以前に，食べることや触れることを避けるような行動的抵抗性の遺伝子が選ばれることも明らかになり，医薬品の研究と同様に，害虫対策に関する薬品や総合システムの研究は，ますます必要とされるのである。

11　ゴキブリの集合写真

餌やフェロモンの誘引性を説明するには，多数のゴキブリが見事に集合する状況を，静止画面や動画で示すと理解されやすい。学会発表の実験データとして文書やグラフで示す場合も，経過時間に応じたゴキブリ数を数えたり，画面から読み取ったりする。

とにかく，集まらないと写せない。「説明用に写真を撮りたいのに，ゴキブリ（10匹ほど？）を入れた容器に好みの餌を置いても，集まらないのですが」と真剣に質問されたことがある。

通常，ゴキブリが前夜のうちに十分餌を食べていて，朝や午前中は空腹ではない。昼間は隠れ場所に潜み，夕方以後に出てきて食べるが，空腹の程度次第なので，目の前で一斉に殺到するわけではない。だから，通常状態で餌の好みを調べる場合は，餌あるいは試験物質を，一昼夜以上，時には数日置いてから，餌の減り方や齧り跡を調べ，連続動画や自動記録装置でゴキブリの訪問数を測定することになる。

目前で結果を見たい場合にはどうするか。多数のゴキブリを餌不足状態で飼育しているところに新しい食べ物を置くと，たちまち空腹のゴキブリが集まる。サボって餌やり間隔を延長した後で，よく見られる光景だ。

だから，餌に対する集合や反応を素早く見たい場合は，このような空腹のゴキブリだけを使えばよいことになる。そのためには，少数のゴキブリでよいから，小型種で3〜4日，大型種で4〜5日の間，絶食させてから使えばよい（水は与え続ける)。そうすれば，集合状態はもちろん，一匹ずつの反応調査も容易になる。餌同士の比較は同条件で行う。

このようにして，空腹のチャバネゴキブリでは，食べ始めてから20〜60分で満腹し，隠れ場所に帰ることが多い。水に対する反応も同様で，一定期間断水することで明瞭に示すことができる。

12　甘みを感じる部分の構造を想像する

同じ化学分子式（$C_5O_5H_{10}$）であるが，部品（OH）の立体的な配置だけが異なる８種類の糖をろ紙にしみ込ませてゴキブリの反応をみたところ，そのなかの１種類だけに噛みつく反応を示した。それは図4-3の左上に示したL−アラビノースだった。他の糖もアラビノースにそっくりな形だが，わずかな違いでゴキブリは反応しなかったのである。

これらの糖は中央の３個の炭素に結合しているＨとOHの方向（立体配置）が互いに異なるだけである。これらはリング構造になっていて固定された構造なのである。だから，ゴキブリが甘みを感じる部分の分子構造は，L−アラビノースの配置（破線で囲んだ部分）に対応した立体構造になっていて，他の構造とは対応できないと考えられる。

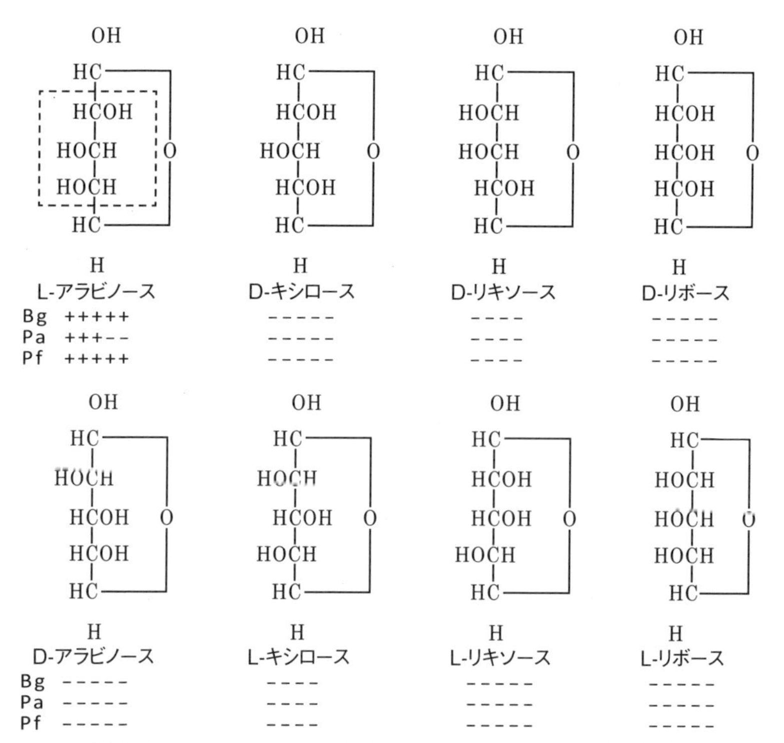

図4-3　類似分子式の８種化合物のうち左上のL-アラビノースが特に有効（Bg: チャバネゴキブリ／Pa: ワモンゴキブリ／Pf: クロゴキブリの反応）.

このように，化合物のわずかの構造の違いで，生物の反応が大きく異なることは，昆虫に対する殺虫剤の効果，病原菌に対する医薬品の効果，フェロモンに対する生物の反応などにみられる重要な変異現象である。

筆者はこのような事実にヒントを得て，フェロモンなどの同種間の交配や融合を保証する信号要素に同様な変異が発生し，1種が当初はわれわれには見分けのつかない2種となり，その後は偶然や生態学的競争原理によって棲み分け方向に進化し，形態も大きく変化していくという考えに到達した（第Ⅲ部「生態的地位と種分化」の項を参照）。

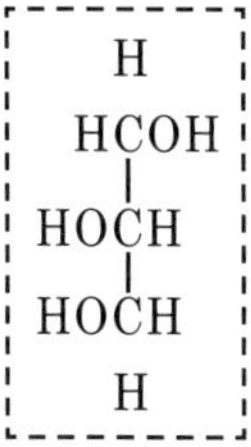

H
HCOH
HOCH
HOCH
H

グリセロール

チャバネ	+++++
ワモン	+++++
ク ロ	+++++

図 4-4 グリセリン分子の構造と3種ゴキブリの反応.

興味深いことに，図4-4の炭素数3個のグリセリンではリング構造ではなく，末端のCH_2OHが自由に回転できるので，上記8種の糖の中央3個の炭素を巡るいずれの配置も可能で，妨害となる余分の炭素やOHもなく，そして，ゴキブリの強い摂食反応を引き起こす。そこで図4-3のようにL−アラビノースにみられる配置の状態で，ゴキブリの感受部分に反応するのではと思われるのである。L−リキソースも，図の上下を逆に見れば同様の配置が見られるが，ゴキブリの反応は明確ではなかった。4個目のOHが妨害要素となっているかも知れない（Tsuji, 1989; Tsuji & Ono, 1970）

13 誘引の反対，嫌う行動（忌避）

13-1 物質的基礎

ゴキブリは好みの隙間を選んで潜伏するだけでなく，その場所を自らの体から出す物質（フェロモンなど）で条件付け，その条件に誘引され定着する。ゴキブリが潜伏定着する場所はふんで汚染され，その異臭でゴキブリの隠れ場所を判断できるが，ゴキブリが一定時間存在した場所（紙や板など）はふんで汚れなくても異臭が付着するのである。ゴキブリは新しいベニヤ板の上よりも，隠れ場所に半日挿入した紙の上を好んで定着する。

また，ある種の殺虫剤を処理した紙の上を忌避して，新しいベニヤ板の上に定着する。殺虫剤の付着した餌を食べるか食べないかが，問題なのにである。このようなゴキブリの忌避行動は，強力な殺虫剤を使用してもゴキブリの全滅を困難にしている理由の一つである。忌避傾向の少ない殺虫剤はむしろ少数であり貴重なものと言える。

13-2 天然物の忌避効果と限界

世間でよく話題となる木酢液は，天然物由来の活性物質の問題点を示す代表でもある。チャバネゴキブリが潜んでいるボール紙製の隠れ家の上に，水を滴下しても逃げ出すことはないが，木酢液を滴下すると，たちまちゴキブリが中から逃げ出し，離れた場所に集合する。すなわち追い出し効果がある（写真4-9；表4-1）。

しかし，これで家や施設の中からゴキブリを追い出せるとは言えない。それを言うには，それを現場で実現したデータを示さなければならない。

写真4-9　木酢液を上面に処理したボール紙シェルターへのチャバネゴキブリの反応.
上左：水だけの処理では全個体がシェルターの中に潜伏する.
上右と下：木酢液の処理では全個体がシェルターの外に集合する.

表 4-1 ゴキブリが木酢液処理したシェルターを忌避している時間.（辻ら，2001）

	シェルター内個体数（%）			
	原液処理容器		水処理容器	
経過時間	雄容器	雌容器	雄容器	雌容器
5 分	0	0	100	100
10 分	0	0	100	100
30 分	0	0	100	100
1 時間	0	0	100	100
2 時間	0	0	100	100
4 時間	0	0	100	100
7 時間	0	0	100	100
16 時間	40	20	100	100
24 時間	50	40	100	100

上記のゴキブリが忌避する時間についてのデータは表 4-1 の通りで，施用後に長時間有効に保たれるわけではない。

このような短時間の逃避や落下が，餓死や地上の天敵による捕殺につながる可能性はあるが，少なくとも屋内のゴキブリを現場で駆除した証明はまだない。さらに，木酢液や竹酢液の変異原性の報告もあり（駒形・本山，2004），安全性の検討も十分ではない。このように，天然物であっても，合成された物質以上に実用化が困難なのである。

ゴキブリのフェロモンに想う

性フェロモンの香り

フェロモンと言えば性フェロモン，性フェロモンと言えば雌の体から放出され，その香りに雄が誘引されて交尾行動に導かれる化学物質と思われることが多い。実際，最初のカイコガの研究に引き続き，マイマイガと並んでワモンゴキブリの性フェロモン（ペリプラノンA，B）の研究が有名である。誘引するなら捕獲防除に使えないかと考えるが，増殖に重要な雌と多数派の幼虫には性フェロモンが作用せず，効果に望みが持てない。そもそも雄成虫に対しても何十メートル四方から直ちに駆けつけさせるような誘引効果はない。モニタリング用のトラップへの利用も試みられたが，雌や幼虫にも有効な餌の成分で間に合っている状態だ。

香りではない性フェロモン

チャバネゴキブリの性フェロモンは香りではなく，触角で体表に触れて認識する化合物※である（Nishida et al., 1974, 1976）。雄が雌の体表に触れると，翅を上げて後ろ向きになり腹部背面を雌に見せつける。これが雄の求愛行動である。（※香りでないのは揮発しない化合物だからである。チャバネゴキブリは通常互いに集合して潜伏しているので，これで間に合うのだろう）。

写真　クロゴキブリの求愛オスが翅を持ち上げて震わせ，腹部背面をメスに見せると，メスはオスの背面 の分泌物をなめる．オスは体をメスの下に入れて尾端を合わせて交尾する．

雌は露出した雄に背後からまたがるようにして腹部背面第7節と8節の分泌口から出る分泌物をなめる。すると雄が雌と尾端を一致させるので交尾が行われる。この分泌物は糖類と脂質の混合物で，雌はもちろん，雄や幼虫にとっても美味のものだ（Nojima et al., 1999）。クロゴキブリなどでも類似行動がみられる。

集合フェロモンは誘引物質と足止め物質

ゴキブリの休息時における集合性は幼虫が若いほど強く，1齢幼虫（卵から孵化し，まだ2齢への脱皮をしていない幼虫）で特に強い。ふんなどで汚れた場所に集合するので，ふんに集合フェロモンがあると考えられたが，チャバネゴキブリは誘引物質と足止め物質（＝拘束物質）とで成り立っていることが分かった。前者はアミン類（Sakuma & Fukami, 1990; Sakuma et al., 1997），後者はステロイド配糖体（Sakuma & Fukami, 1993）であることが分かっている。食物を食べる時も集合が起こるが，やはり揮発性の誘引物質と，甘味その他の足止め物質とがある（Tsuji,

1965, 1966, Tsuji & Ono, 1970)。

交信攪乱などに使えるか

ゴキブリの成虫は寿命が長く，交配好適期間が長い。すなわち，性フェロモンで攪乱すべき期間が長いだけ実用化は困難である。攪乱はノシメマダラメイガのように成虫になって数日で交配能力を失うような種類に適しているのである。それだけにフェロモンを用いた害虫防除は実に選び抜かれた種類の昆虫や現場状況に応じて実用化されていて，応用研究は高度なものである。

本来の重大な意味

初期から最盛期の華やかだったフェロモン発見時代には，本質的な種の分化に果たす役割の考察や実験がおろそかだったとも言える。私事であるが，32年前から（辻, 1984, 2004, Tsuji, 2013）提唱してきた「1種を2種に分化させる方法」が，最近，大阪市立大学の清家氏らによって，酵母菌フェロモン関連のDNA操作により，世界で初めて実験的に証明された(Seike et al., 2015)。同氏とは，お祝いと喜びのメールを交換した次第である。これは「まず，1種が突然，見分けにくい2種になる。その後で2種は別方向に進化し棲み分けに向かう」という上記説の内容を支持するものである。われわれは，新品種でなく，新種を作れるようになったのである。

ゴキブリのセンサー

ゴキブリにも水や食べ物，仲間や環境条件，自分の動きや定位状態などを認識するセンサーがある。センサーを調べるには，ゴキブリに光，音，匂いなどの外部刺激を与え，行動を観察し，神経の電気的反応を測定する研究も行われている。

光に対するセンサー

主要な器官は一対の複眼で，複数のレンズからなり，他の昆虫同様にその視野は広い。しかし屋内害虫のゴキブリは昼間光を避け暗い状況を好む。そのほかに補助的な一対の単眼（1レンズ）があるが，形を認識するものではなく，集光レンズとして昼夜リズム（概日リズム）の支配に役立っているとされる。

屋内ゴキブリの大部分では単眼がクチクラの色素のない斑紋部位に変化しており，地中を掘削潜行する種類には単眼がない。

化学センサー

ゴキブリのアンテナ（触角）には遠くの物質の匂いを感じる受容器が多数あるが，直接触れて味を感じる受容器は口の部分にある。すなわち，小あごのヒゲの末端節の先端近くの下側表面にあり，下くちびるヒゲの先端，のどの突起（舌）にもあるが，のどの中にはない。味覚の受容器が脚の跗節にあるカメムシ目，チョウ目，ハエ目，またアンテナにあるハチ目とゴキブリとは異なっている。

聴覚センサー

交信用の発音をするコオロギやキリギリスなどのバッタ目の昆虫には，脚の脛節上の薄い膜，あるいは感覚毛のある腹部背板の鼓膜器官があり，音や声，すなわち空気の動きや気圧の振動をキャッチする。発音するゴキブリはまれで，ハイイロゴキブリとマデイラゴキブリで知られているだけだ。

写真　クロゴキブリ雄成虫の尾肢.

鼓膜器官のない昆虫は感覚毛で空気の動きを知る。ゴキブリの尾肢もこのタイプで，おそらく地面の振動もわかるだろう，音声と振動の区別は困難であるが，風速計としての働きも重要とみられる。ゴキブリの尾肢は刺激，振動，音，空気の動きを感じ取り，人間がゴキブリのいる室内に入ったときに慌てて逃走反応を起こすのだと考えられる。

屋外ゴキブリの侵入

1 屋外からの侵入種に注意

屋内ゴキブリは扁平で柔軟なつくりなので，荷物に隠れたまま運ばれたり，隣接施設との隙間を通って容易に侵入してくる。屋内や施設内での移動侵入はもちろん重要であるが，屋外から毎年侵入してくるゴキブリにも注目すべきである。

クロゴキブリやヤマトゴキブリのような温帯性の種類は，屋外で休眠状態で越冬し，初夏から活動を再開するので，季節現象として屋内への侵入が見られる。本州中部の一般家庭にも普通に見られるこれら2種は，屋外でよく見られる種類で，日中は樹木の洞穴中や樹皮下，樹上や地上の枯葉の堆積，石や材木の隙間，庭，ベランダ，道路などに置かれた植木鉢やプランターの下，マンホール，排水溝などの内壁に潜伏し，夜間や薄暗い場所で活動する。屋外の越冬に適応しているので，屋外で越冬し，初夏から夏にかけて屋内や室内に侵入するケースが多いとみられる。したがって，一般家庭，企業，公共施設のいずれでも，屋外からの侵入を意識する必要がある。

2 成虫や大型幼虫の侵入

成虫や大型幼虫は行動範囲が広い。夜間の調査で，都内の路上をクロゴキブリの成虫が，あっと言う間に20 m以上疾走して移動するのを何度か目撃している。かれらは，閉めたドアの下側の隙間や，ガラス窓の割れ口などから容易に歩行侵入でき，実際にその付近に設置した粘着トラップで捕獲されている。

かれらは偶然に隙間を見つけるのではない。誘引実験の経験から，嗅覚が発達しているので室内の匂い（当然食べ物や水分の匂い）を感じ，その流れをさかのぼって隙間を見つけると考えられる。夕涼みのつもりで隙間をあけた引き戸など，てきめんに侵入されると考えるべきだ。薄暗がりで寝ている時，カサカサと音がするので，注目していると，筆者の鼻先にアンテナを動かしながらクロゴキブリが入ってきて驚いたことがある。盛夏の高温時には成虫が飛来侵入する。窓あかりに向かって侵入したり，蛍光灯周りを飛翔したりする現場を目撃しているが，灯火に関係なく，家の屋根や，高層住宅のベランダに着陸することもあり得る。

3　小型幼虫が天井から侵入

クロゴキブリの孵化幼虫や孵化後間もない幼虫は体長4mm程度と微小なので，歩く速度も範囲も大型幼虫や成虫のように目立たないが，孵化した場所から餌や水のある場所へ着実に移動するはずである。成虫の産卵は湿度の高い場所や餌に近い場所に多いが，産卵場所によっては，孵化幼虫が餌を求めて移動するコースに顕著な特徴が示される。

雨水や湿気の関係で，クロゴキブリの成虫は屋上の堆積物や屋根裏の構造物にも産卵する。その結果，孵化幼虫や小型幼虫は屋上の継ぎ目や割れ目から室内に侵入し，隙間が大きい場合は中型幼虫も侵入可能である。中間に天井板がある場合，はめ込み式の蛍光灯のカバーの中に，多数の孵化幼虫が落ち込んでいる場合もある。

木造住宅二階和室の床上や廊下に，アリのように微小なクロゴキブリ

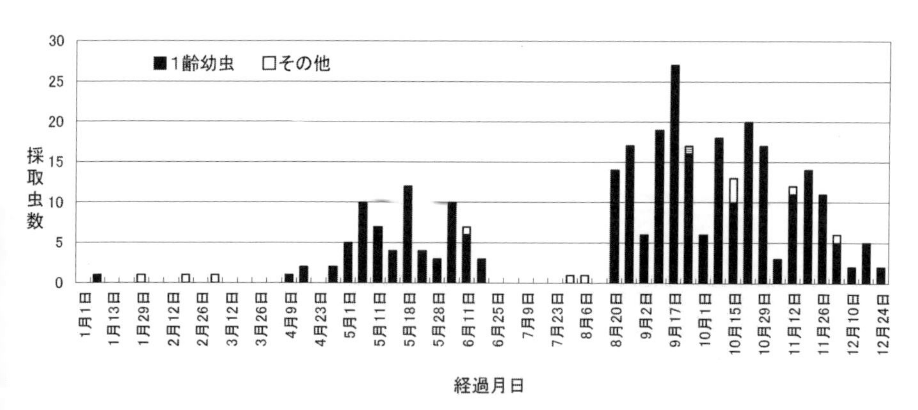

図4-5　1999年に木造家屋二階の床上や廊下で採取したゴキブリの数．ほとんど孵化幼虫（1齢幼虫）で，大部分が床上，一部が壁（高橋ら，2000）．前方のピークは越冬卵からの，後方のピークは新成虫の産卵からの孵化を示す．新成虫は6月初めから出現し冬季にはほとんど死ぬ．9月後半以後の産下卵は越冬する．

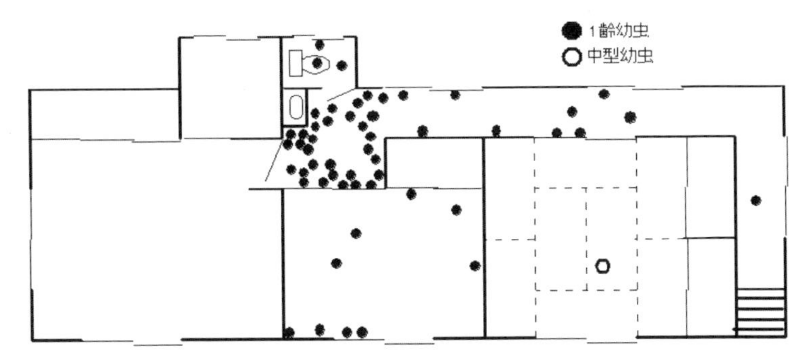

図 4-6　1998 年 5 月 17 日のゴキブリ採取位置(7 時から 22 時まで 6 回採取). (高橋・辻, 1999)

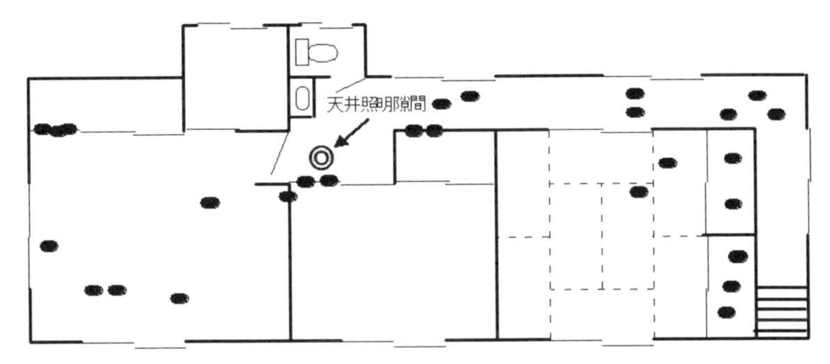

図 4-7　1998 年 5 月 16 日, 屋根裏のクロゴキブリ卵鞘の位置(カラを含む)(高橋・辻, 1999). 孵化幼虫の多くは天井の照明器具の隙間から落下し, 水場に向かっているらしい.

の孵化幼虫が連続して出現する例を図 4-5～7 に示す（高橋・辻，1999; 高橋ら，2000）。出現期間は卵の孵化時期と一致し，屋根裏に産み付けられた多くの卵鞘が確認されている。連日採取された孵化幼虫の位置から考えると，孵化幼虫が水や餌を求めて移動し，天井の隙間から落下しているとみられる。

もちろん，縁の下にも産卵が認められ，家屋外周に置かれた生ゴミ容器や犬小屋の床下にも大小のゴキブリが発見できるので，そこから室内への侵入が可能である。

屋内害虫化の条件

約4000種と考えられているゴキブリのほとんどは野外種であって，家屋内で害虫とみなされている種類数はその1％にも及ばない。どのような種類が家屋に入れたのか。他の種類はなぜ入ろうとしないのか。ゴキブリは2億5000万年ないし3億年前から繁栄しており，おそらく当時から多様な環境に応じて種類も多様化していただろう。

ゴキブリの化石記録＝グループとして少なくとも2億5000万年前以降の地層から得られ，共通祖先から分かれたシロアリは，それより新しくて5000万年の歴史をもつ。最古の昆虫は化石ゴキブリで，フランスのシルリアン紀（3億5000万年）の砂岩から得られたものである（Blatchley, 1920; Cornwell, 1968, p.25-30による）。

人類が出現したのはわずか100万年前にすぎない。人類が住居や生活の場として家屋らしき物を造り始めたとき，すでに十分多様化したゴキブリ群の中にその環境を利用できる種類もあっただろうし，より多くの安全と増殖率を獲得した種類もあったと思われる。これらは，かなり乾燥した家屋環境にも遠慮なく侵入，滞在，増殖，通過を行える種類と考えられる。だがむしろ，家屋環境を利用できる種類があまりにも少ないので，他のゴキブリの多くが，おおむね人間の住めない地中，腐植内，朽木内，水中などの多湿環境や，植物の葉の上などの屋外条件を求めていることを示している。

現代でも，屋内に済む種類が屋外の生活を捨てているわけではない。むしろ相変わらず屋外生活をしている種類がほとんどのようだ。本州の代表的な黒い大型ゴキブリであるクロゴキブリやヤマトゴキブリは，屋外の樹洞や堆積物の隙間に潜み，夜間は樹幹や地上で摂食や交尾活動をしているのである。家屋内には初夏から侵入してくる個体が多い。というのは，これら2種類の繁殖には寒冷を経て休眠を終了する必要があり，越冬には屋外，あるいは屋外同様の構造物が適しているからである（第Ⅲ部「ゴキブリ類の休眠」の項参照）。同様のことはキョウトゴキブリについても言える。

ちなみに，越冬休眠する種類はコンスタントな高温条件下で休眠のない系統を作ることはできるが年月がかかり，はじめから休眠のない種類との競争には勝てないであろう。沖縄以南ではクロゴキブリやヤマトゴキブリは分布せず，越冬休眠のない熱帯性のワモンゴキブリ，トビイロゴキブリ，コワモンゴキブリが分布している。

ワモンゴキブリ，トビイロゴキブリ，コワモンゴキブリも屋内害虫であるが，やはり屋外での生活も行っている。耐寒性に乏しいので北上が妨げられているが，温帯地域でも工場，ビル（ワモン），地下街（トビイロ），熱帯温室（コワモン）など，人為的な温暖環境では定着発生が当然起こっている。

一方，世界的かつ最も典型的な屋内害虫と言えるチャバネゴキブリはどうなのか？　残念ながら原産地の様子は不明であるが，アルジェリアや台湾の屋外の森や湿った木の葉の下で多数が見つかっており，おそらく原産地と類似の環境とみられている。また，屋外の廃棄物の堆積からの発生がニューヨークや英国でみられているが，これは発熱環境の例であろう。いずれにせよ，屋外での生活が可能であることを示している。

その他，中小型熱帯種のオガサワラゴキブリ，イエゴキブリ，ハイイロゴキブリ，チャオビゴキブリも屋外発生がみとめられている。

以上から考えると，3億年のゴキブリの歴史に比べて，家屋どころか，人類の歴史があまりにも短く新しいので，家屋にだけ棲むゴキブリが発生したのではなく，屋外にも家屋にも棲めるゴキブリが季節的に，あるいは通年，内外で交流しつつ家屋を利用しているようである。すくなくとも，人類が滅びて棲むべき家屋が消滅しても，現在の屋内性ゴキブリは滅びることはなく，適当な気候の地域で生き続けると思われる

■空飛ぶゴキブリ

1　よくある経験

冷房がなかった時代の夏の夜に，開け放した窓からクロゴキブリが室内に飛び込んで大騒ぎをしたことが再々あった。また水田の中央区域で誘蛾灯を用い，稲の害虫であるニカメイチュウの飛来調査中に，ヤマトゴキブリが飛来したこともあった。ヤマトゴキブリが灯火に飛来することはよくあるらしい。

これらのゴキブリを屋内で発見する際は，物陰から歩いて出てきたり，物陰に走って逃げ込んだりする場面が普通なので，空中高く舞い上がる能力はないと思われていた。ただ壁を這い上がる姿はよくみられたし，すでに60年ほど前，多数の樹幹のそれぞれに，上から下まで多数が並んでいるのを観察したこともある。そこで屋外から室内に飛び込むゴキブリは，壁や樹木の高い場所に登り，そこから付近の室内に滑空して飛び込むのではないかと，筆者自身も想像したのである。すなわち短距離をせいぜい水平かやや下向きに飛翔することを考えた。しかし，真夏の高温時には，舞い上がりや，思ったより長距離の飛翔も可能なことがわかった。

2　ある夕暮れの散歩で

1970年代初頭の真夏の夕暮れどき，家族連れで大津市の住宅地を散歩していた時，小学校一年生の娘が突然「あっゴキブリが飛んでる」と叫んで空を指さした。なるほど夕暮れの空を一匹の大型の虫が腹部をたれ下げるようにして翅をばたつかせて飛んでいたのである。それは付近の平屋の屋根より高く，正面上空をこちら側やや左に向かって直進し，数秒たらずで20メートルほど移動して，そのまま左側の家の二階の，開いて明かりの見える窓に，吸い込まれるように飛び込んだのである。一見，ノコギリカミキリのようなスタイルの飛翔であったが，ノコギリカミキリのような強大な触角は見えず，筆者はクロゴキブリかヤマトゴキブリだと判断した。この突入は趨光性（すうこうせい）によるものであろう。

3 真夏の室内で 20 秒飛翔

さらに時を経て，2002 年盛夏の夜半に，筆者は鳩ヶ谷市（現在川口市の一部）にある筆者の事務所内で，換気扇の稼働と窓の隙間から吸い込まれる微小昆虫との関係を調査中だった。30℃を越える気温の中で冷房を使用せず，汗を流しながら机の前に腰掛け時間待ちをしていた時だった。ふと前方を見た視線の先に，いつ現れたのか，入り口横の壁の目線よりかなり下方に，クロゴキブリが静止しているのに気がついた。

ドアの下から侵入したようだが，どうせ室内に仕掛けてあるベイト剤を食べて死ぬので，無視して視線を机の上に移していると，突然頭上でバシバシと羽音がしはじめた。見上げるとゴキブリは天井すれすれに舞い上がり，しかも前後左右にゆっくり旋回し始めたのである。天井一面に，ほぼ等間隔にはめ込まれ点灯していた 40 ワット蛍光灯 6 本を，探るようにゆっくり 20 秒以上飛翔し続けた。時々ランプに触れそうだったので，これは光に対する反応のようであった，この個体は，その後壁の天井に近い部分に静止し，雄であることがわかった。これは瞬間的な滑空ではなく，明らかに滞空時間の長い，自発的な上昇をともなう飛翔であった（辻，2003）。

4 屋内ゴキブリの飛翔条件

前記の誘蛾灯への飛来，大津市の屋外で目撃した飛翔，そして室内で目撃された上昇飛翔，いずれも真夏の夜のことである。クロゴキブリは 30℃を越える夜には積極的な上昇飛翔と長距離飛翔を行うと言えよう。近縁で熱帯性のワモンゴキブリでも，アメリカのテキサス州では夜間に街灯を巡って飛翔し，長距離飛翔が可能であるが，北部の州ではむしろ滑空によるものだという（Could & Deay, 1940）。これも積極的な飛翔には高温条件が必要であることを示している。これらの例からみて，日本でやや涼しい地域に分布するヤマトゴキブリは，30℃より低い気温でも上昇飛翔を行うだろうと考えられる。

屋内ゴキブリで飛翔が顕著なのは，熱帯性の屋内害虫であるチャオビゴキブリで，この種類は，現在小笠原諸島父島に定着，最近都内集合住宅でも発見された（小松・内田，2011）。日本内地でも今後高温施設に分布が広がる可能性がある。

5 銀座も野外も

上記のように，屋外から毎年侵入し，屋内にも棲息するするクロゴキブリやヤマトゴキブリが，盛夏には飛翔による移動を行っていることは明らかである。ちなみに，東京の銀座の屋外も例外ではなく，夏の夜はゴキブリが飛び回っていると言える。イラストレーターの益田ミリさんによると，浴衣姿で集まった納涼会イベントのあと，店の外でみんなと別れのあいさつしているとき，「どこからともなく，ススーッとなにかが飛んできて」彼女の絹紅梅（上等の浴衣）にとまった。「それはまぎれもないゴキブリだった。ヒヤッととび上がると，ゴキブリは夜の銀座の空へと消えていった」そうである（朝日新聞 2012 年 10 月 7 日）。

驚いたのは，森林の朽木の中に棲む大型種で，一見飛翔と無縁と思えるオオゴキブリが飛翔することである（松本和馬さん私信）。まるでカブトムシのように大型で，餌としている朽木を壊して採集されるこの種

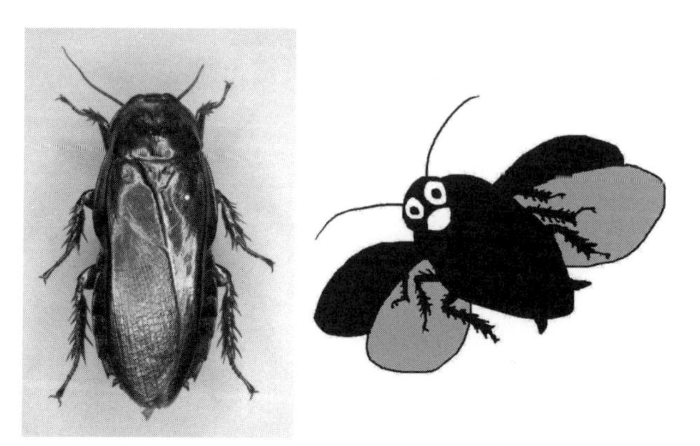

写真 4-10 まるでカブトムシのようなオオゴキブリ（朽木の中に棲む野外種）．灯火に飛来する．

類が，やはり盛夏の高温時に飛翔し，しかも灯火に飛来することを教えて頂いて，さすがに森林昆虫の専門家と感じ入った次第である。森林の朽木の中に棲むオオゴキブリが，時々家屋内の土間などで発見され不思議に思われていたが，その理由が判明したわけである（写真 4-10）。

この他，屋外種では，マダラゴキブリ（驚いた時，樹木から樹木へ），小型種ではオキナワチャバネゴキブリ（灯火に飛来），モリチャバネゴキブリ（驚いた時，地上から舞い上がり，地面沿いに飛翔する），ウスヒラタゴキブリ（樹上移動）などの例がある。

6 飛ぶゴキブリの翅（はね）

一見，よく似た種類のゴキブリでも，飛ばないゴキブリと飛ぶゴキブリがある。野外に棲息するモリチャバネゴキブリは，人が近づくと地表近くを飛んで逃げるが，屋内に棲むチャバネゴキブリは飛ばずに，もっぱら隙間の中に潜って逃げる。

翅を広げた状態で比較してみると，モリチャバネゴキブリは羽ばたく後翅（こうし）が大きく発達し，前翅（ぜんし）は比較的軽くできているが，チャバネゴキブリは後翅が小型で，前翅が丈夫そうにできている（写真 4-11）。

歩いている時は翅を畳んでいるので，両者の違いがわかりにくいが，広げてみると，それぞれの行動に似合った構造をもっていることがわかる。

写真 4-11　飛翔するモリチャバネゴキブリ（左；羽ばたく後翅が大きく，前翅が薄い）と飛翔しないチャバネゴキブリ（右；後翅が小さく，前翅は厚くて長い）.

■水に潜り，ガラス面を登る

1 トイレで出会う（写真 4-12）

閉め切った水洗トイレの扉を開けた時，壁面に大きな黒いゴキブリがいて，ギョッとした人もいるだろう。もちろん，床上をサッと便器の陰に隠れたりすることもある。南の国の水洗トイレでは，黒いゴキブリの代わりに，それ以上に大きな赤褐色のゴキブリ（ワモンゴキブリ）に出くわす。

こんな時，ゴキブリが水場近くに多いことを感じている人は，ここからでてきたのではと，思わず便器の中の水面を疑いの眼で眺めるにちが

写真 4-12 木造住宅一階のトイレで見つけたクロゴキブリ（上と下は別の日に発見）.

いない。さらに，やや慌て気味に脚を動かしながら便器の水面に浮かんでいるゴキブリを発見する場合もあり，そこから水をくぐって侵入してきたという想像するのは自然な流れであった。特に，「ゴキブリは水に放り込んでもなかなか死なない※」ことを知っている経験者たちは，確信していたと言ってよい（※ただし，洗剤の入った水に投入すると簡単に死ぬ）。

2　ゴキブリの水潜り実験

ゴキブリの自発的水くぐりを実験的に証明したのは防除専門会社の三浦・田近氏らである。便器の中の水は水封トラップになっていて，一見深そうに見える。しかし，それは水面から底を眺めるからである。この水たまりは，水中で水平方向に向かう穴となり，その穴の先（裏側）は，こちらの水面と同じ高さの水たまりとなり，それ以上に水面が上昇すると，その先の水のない空間に流れ落ちるようになっている。この空間は外の浄化槽に続いていて，ゴキブリは自由に侵入可能である。

この水中の穴の上の部分までの深さを「封水深」と称し，底の部分より横穴の直径の分だけ浅く，数cmの例が多い，だからゴキブリは隣で数cmもぐり，こちらで数cm登れば（登らなくても浮き上がればよい），もうこちらに顔を出せるのである。

三浦・田近氏らは，0.5～5cmの封水深を作って実験し，実際にゴキブリが水をくぐって反対側に侵入できることを確かめた（図4-8；表4-2）。大型種のクロゴキブリだけでなく，小型種のチャバネゴキブリも，しかも幼虫でも水くぐりが可能であることを明らかにした。一方，ショウジョ

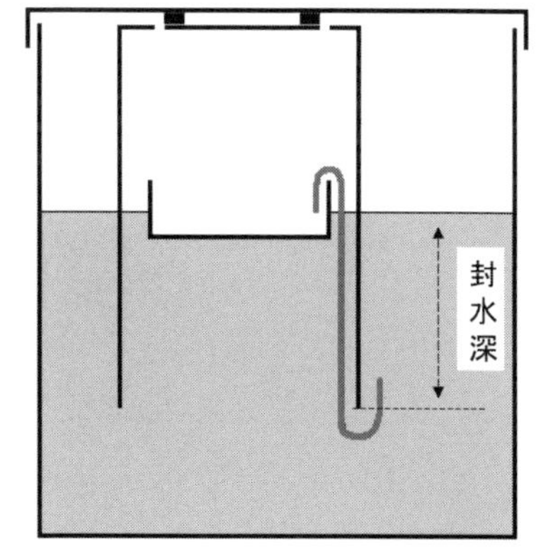

図4-8　封水トラップの通過実験装置.

表 4-2 水封トラップ（模擬わんトラップ）の通過試験結果．（三浦・田近，2009）

ゴキブリ	封水深（cm）	0.5	1	3	5
		各封水深における	脱出数／供試数		
クロゴキブリ	成虫	1／2	1／2	0／2	2／2
クロゴキブリ	幼虫	3／4	2／4	1／4	2／4
チャバネゴキブリ	成虫	2／6	1／6	1／6	0／6
チャバネゴキブリ	幼虫	6／16	5／16	2／16	1／16

同時に行った試験で，オオキモンショウジョウバエ，キイロショウジョウバエ，イエバエ（以上成虫），およびイエバエ幼虫は，どの封水深でも脱出個体はゼロだった．

ウバエ，ミバエ，イエバエ，イエバエ幼虫などは不可能であった。それゆえ，工場の床面などに多い水封トラップは，ハエなどの侵入防止には役立つが，ゴキブリの侵入防止には不完全であり，金網の蓋などで改良が必要と言える。

ちなみに，もともと水に関係深いゴキブリもいる。野外に棲むマダラゴキブリの幼虫は水中に棲んでいる。筆者は65年前（当時18歳），九州南部の春先，山中の浅い水中の石の下に幼虫を発見した時，水中に棲む太古の生き物かと驚いたものである。

水中に棲むゴキブリ

別に述べたように（筆者の1951年の経験），南九州の常緑広葉樹林に分布する野外種のマダラゴキブリ幼虫は，落ち葉が重なり水没している石に付着して見つかり，越冬中も水中の落ち葉の間や石の下に潜んでいるので，水中や水際生活に適応していると言える（菊屋，1991）。石垣島や西表島に分布する大型種のヤエヤママダラゴキブリも，幼虫は水中に棲む（鈴木，2005）。

3　ガラス・プラスチック面を登るゴキブリ

製品や容器にゴキブリの侵入や混入が起こりやすい理由の一つとして，ガラス，プラスチック，ステンレス板のような滑らかな垂直面やオーバーハング面を登る能力がある。特に小型幼虫は目立たないので，蓋のない容器やコップは要注意だ。写真に示すように，普通種のチャバネゴキブリやクロゴキブリはその能力があり，南方系のワモンゴキブリの小型幼虫は登ることができない（図 4-13〈1～4〉)。

ゴキブリではないが，食品害虫の微細な甲虫でも同様のことがあり，アズキゾウムシ，コクゾウムシ，ノコギリヒラタムシは滑面を登る能力が高く，一方，コクヌストモドキは滑面を登れない（図 4-13〈5～8〉)。

写真 4-13　ガラスおよびプラスチック面を登るゴキブリその他の昆虫.
1：プラスチック容器の壁を歩くクロゴキブリ孵化幼虫.
2：ガラス面を登れないワモンゴキブリの孵化幼虫.
3：ガラス面を登れるクロゴキブリ孵化幼虫.
4：ガラス面を登れるチャバネゴキブリ孵化幼虫.
5：ガラス面を登れないコクヌストモドキ成虫（甲虫類).
6，7，8：それぞれ，ガラス面を登れるノコギリヒラタムシ，コクゾウムシ，アズキゾウムシ成虫.

登れない種類とその利用

1 脚の先

ガラスやプラスチックの垂直面を登るゴキブリその他の昆虫は，人工環境への侵入や，逆に容器からの脱出が容易なので困りものであるが，写真でわかるようにワモンゴキブリの１齢幼虫（卵から孵化して，まだ初めての脱皮まで成長していない幼虫）やコクヌストモドキ成虫のように不器用で登れない種類もある。

ワモンゴキブリは大型幼虫や成虫になると不器用ながらガラス面を登るが，近年日本に侵入して来たチュウトウゴキブリ（＝トルキスタンゴキブリ）は成虫になっても登ることが困難である。この登る登らないの違いは脚の先端の構造の違いによるもので，登るゴキブリの脚の先端にある一対のツメの間には爪間盤という滑り止めがあるが，チュウトウゴキブリにはそれがない（写真 4-14）。ワモンゴキブリの若い幼虫も爪間盤の（跗節盤も）発達が遅れているのである。

ワモンゴキブリの孵化幼虫に水と餌を与えて飼育すると，通常８回の脱皮を経て成虫になるが，27℃で 100 日余りから 150 日かかる。成虫は

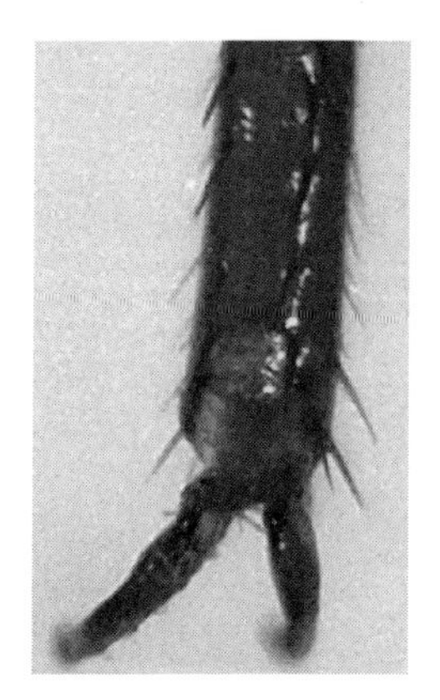

写真 4-14　３種のゴキブリの脚の先．いずれも乾燥品で腹面を示す．左からチュウトウゴキブリ（雄成虫左後脚），ワモンゴキブリ（雌成虫左後脚），ヤマトゴキブリ（雄成虫右後脚）．チュウトウゴキブリには爪間盤がない．

クロゴキブリより一回り大型で，比較的長生き(27℃で100〜150日)するので，ネズミ同様にいろいろな実験に使える。(写真4-15)。

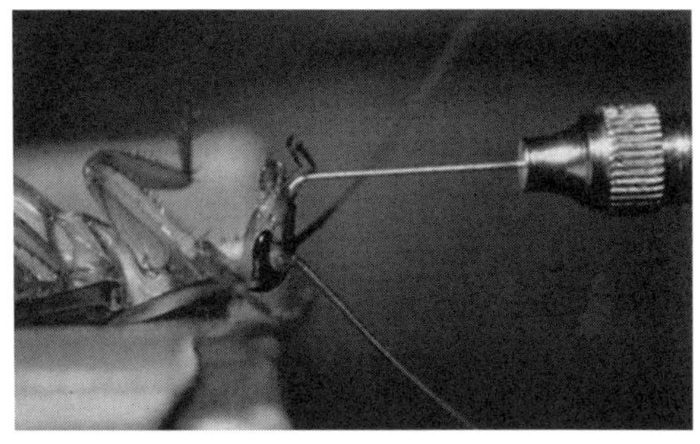

写真4-15 ワモンゴキブリに薬剤入り砂糖水一定量を経口投与する.

たとえば行動を観察する実験や，神経を取り出して電気信号の伝達を調べたりすることができる。もちろん殺虫剤が有効かどうか，どのようなメカニズムで効くのかなども研究できる。

2 スクリーニング試験

企業では，新しい化合物や天然物を多数用意して試験を行い，害虫に対して有効なものを篩(ふる)い分ける仕事も重要で，これをスクリーニングと言う。それは定型的な繰り返し作業なので，労力を節約するために飼育の容易なハエやゴキブリを用いて初期の試験を行うコースがある。しかし，成虫までの飼育期間，均一な成虫の入手困難，逃亡を防止しつつの薬剤投与や投与後の給餌給水等々，要する人手と時間は少なくない。

3 ワモンゴキブリ幼虫の利用 (写真4-16)

ゴキブリの幼虫は1個の卵鞘から十数匹が孵化するので多数を入手しやすく，しかも，ワモンゴキブリの若い幼虫はガラス容器の壁を登らないので，蓋がなくても容器から逃亡の恐れがなく扱いやすい。卵から孵化した後，餌も水も与えずに観察していると，サイズも栄養状態もそろっているし，しかも，そのまま数日生きている。

そこで，即死あるいは48時間以内に結果をみる殺虫試験であれば，この幼虫を使うことができる。使い方は簡単である。成虫を群飼育して

写真 4-16 ワモンゴキブリによる殺虫試験．成虫より低コストの孵化幼虫を使う．びん底に薬剤を入れ幼虫を漏斗から投入する．使用したびんは底径 25㎜，肩の高さ 44㎜で，プラスチックの蓋で密閉した．

おくと卵鞘を産むので，20 日ぐらい（産まれた卵から 30 日ぐらいで幼虫が孵化するので，それ以前）の間隔で成虫を新しい容器に移す。旧容器中の卵鞘を全部集め，6 メッシュ程度の規定の金網篩の中で軽く水洗いしてふんを除去する。この多数の卵鞘の入った篩を，やや大きいガラスシャーレに入れ，湿度を保つために，それをさらに大型のガラス鉢に入れて蓋をしておく。こうすると成虫が元気な間（100 日間ほど）に数回採卵できる。

卵から間もなく幼虫が孵化してくるので，2〜3 日間隔でふるって使用すると，採卵間隔と同じ期間，次々新しい幼虫を入手して使用できる。使用した残りの幼虫は別容器に移して飼育すれば，小型の間は 1 齢よりは荒っぽい判定基準で試験に使える。残りは飼育用とし，ゆとりがあれば破棄しても惜しくはない。1 回の採卵群からの孵化が終わるころ，次の採卵群から孵化が始まるので，続いて幼虫が供給されることになる。

4 定性的／定量的試験

効果が不明の物質を最初（定性的に）に判断する時は，重量測定も不要で，ゴマ粒以上の量をガラスびん（底径 25㎜，肩の高さ 44㎜）の底

表 4-3　試験例（Tsuji & Mizuno, 1971 の一部）.

化合物	化合物量（マイクログラム／びん）と死亡率（%）					
	ドライフィルム法			くん蒸法		
	10	1	0.1	10	1	0.1
ジクロルボス（DDVP）	100	100	90	100	100	80*
トリクロルフォン（ディプテレックス）	100	100	0	100	0	0
ダイアジノン	100	100	0	100	0	0
フェニトロチオン（スミチオン）	100	100	10	100	0	0
フェンチオン（バイジット）	100	55	0	0	0	0
イソキサチオン（カルホス）	100	100	10	0	0	0
プロポクスル（バイゴン）	100	100	100	100	100	0

*揮発性の物質は乾燥が長引くと消失するので注意.

になすりつけ，幼虫も入手直後のものでなくてもよい。すなわち，入手後 20℃に移して，餌と水を与えておけば，20 日目まで使用してよい。2 週間ほど 1 齢幼虫のままで, 20 日でもせいぜい 1 回脱皮するだけなので，この程度のサイズの幼虫を 10 匹投入する。幼虫は勝手に歩いてその物質に触れる。25℃条件で 24～48 時間後までに幼虫が 100%死亡した場合だけ次の定量的な試験にまわす。

次に投与量と効果との関係を判断する場合，物質を溶媒や水で薄めるなどして，びんの底に有効成分として 10，1，0.1 マイクログラム相当を入れ，溶媒や水が乾燥してから，これは規定どおりの幼虫（2～3 日の間隔でふるって入手直後）を投入すれば定量的な死亡率が得られる（写真 4-16；表 4-3）。

この方法は底面に乾いた膜面を作り，それにゴキブリを触れさせるので，ドライフィルム法と呼ばれるものである。溶けない物質は粉剤や水和剤にするなど専門的な加工が必要である。この時，びんの底に薬液を処理せず，幅 5㎜の細長いろ紙のリボンの先に処理し，ゴキブリに触れさせないように蓋で固定すると，蒸発する薬剤のガス効果も検出できる（写真 4-17；くん蒸法）。

このように，ワモンゴキブリの 1 齢幼虫は，初期の殺虫効果試験には非常に便利に使えるのである。実際，一群の化合物の殺虫剤としての開発経過の大局的判断や，ゴキブリ用殺虫剤としての第一次評価ならば，

写真 4-17　くん蒸法の例．

この10倍単位の希釈倍数のデータで十分であるが，希釈倍数を2倍以下などに細分すればLD50値も得られる。もちろん，実用的には，一定以上の基準の複数の化合物について，他種の害虫や，具体的な環境や製剤で試験を進めることは言うまでもない。

ちなみに，ガラス面を登れず，絶食寿命が非常に長いコクヌストモドキ成虫も，同様のドライフィルム法に便利に使用できるが，成虫寿命が半年から一年以上にわたり，老若や異なる世代の成虫が混在するので，厳密な試験には羽化後の日数を揃える必要がある。

5　スピード上昇で得られるもの

こうして筆者は，初歩的な試験の手間×時間を1/5，時には1/10にまで減少させたように感じている。より少ない手間や時間で試験できれば，一定数の化合物中に有効なものがある時に速く発見できる。また，一定時間中により多くの数の化合物が試験できるので，増加分に比例して発見の実数を増加させることができる。もちろんこれは有効なものがあればの話である。しかし，すでに同様な試験が既知の物質では済まされている場合，まだ済んでいない新規な物質を多数入手することは，実は容易でない。

したがって，このような定型的な試験法の合理化は，試験化合物の数の増加だけを目指すよりも，より飛躍的なイノベーションのための非定型的研究を推進するため，すなわち，合理化で浮いたエネルギーと時間を，非定型的な新しい研究と，研究者同士の協力関係の構築に積極的に振り向けるのに役立つことを強調すべきだ。

筆者が研究所勤務をしていた当時，同じ研究所の中で，自由に交流できる環境だったことも幸いして，組織としての流れ作業ではなく，いつも合成研究室の研究員数名と自由に交流できた。各自の合成の狙いなど聴きながら，「微量でできるから試験しましょう」と勧め，積極的に化合物を集めたので，協力的な関係を作るのに役立った。結果は速ければ当日，翌日にも判明するので，すぐ面接しながら分子構造と活性との関係を話し合うこともできた。独自化合物のリン酸エステルへの誘導の結果は，当日に有望か無効か判別できたのである。

多様な専門の研究者が同室や近隣室にいて交流できたことには，後々多大の恩恵を感じたものである。おかげで，本来のイノベーション志向の研究も，支持を得ながらスムーズに行うことができた。1963年の途中入社当時，休眠昆虫の休眠を打破して耐性をなくそうという，近年（たとえば2012年）の休眠がん細胞の弱体化のアイデアと類似の試みを，45年以上前に行っていたし，その時の実験成分からゴキブリの食物誘引物質を見つけて開発も行った。当時カイコがどうして桑だけを食べるのかという研究が目立っていたが，雑食性のゴキブリでも同じメカニズムだと外国にもアピールできた。ヤマトゴキブリの休眠に気付いたので報告したところ，ゴキブリでは世界初の報告だったのもこのころである。

定型的な仕事の量を増やせば比例的に結果も増加するが，研究者としては，より飛躍的なイノベーションのために，定型的な業務を合理化して，少しでも多くのエネルギーを新しいテーマによる探索に振り向けたいと努力していたのである。

イノベーションは新しい目標と，それに合致する新しい定型的試験を生み出すことでもある。フレミング以来の抗生物質の探索法から発想を転換し，コレステロール合成阻害物質の探索法のひらめきと実行で成功し，世界で最も売り上げの大きい医薬品の成分を発見した微生物と酵素化学の研究者，遠藤章博士（当時筆者と同じ三共株式会社）の業績はその好例である。

引用文献

Blatchley, W. S. (1920) Orthoptera of north-eastern America. Nature

Bublication Co., Indianapolis, pp. 59-114.

Cochran, D. G.（1983）Food and water consumption during the reproductive cycle of female German cockroaches. Entomologia Experimentalis et Applicata, 34: 51-57.

Cornwell, P. B. (1968) The cockroach. A laboratory insect and an industrial pest. Huntchinson of London. 391pp.

Gould, G. E. and Deay, H. O. (1940) The biology of six species of cockroaches which inhabit buildings. Purdue University, Agricultural Experiment Station Bulletia, 451.

石井象二郎（1976）ゴキブリの話．北隆館．193pp.

菊屋奈良義（1991）九州地方のゴキブリ類の分布状況（予報）　家屋害虫，13(1): 29-39.

小松謙之・内田明彦（2011）チャオビゴキブリの *Supella longipalpa* の発生事例．第27回日本ペストロジー学会大会　講演要旨．

駒形　修・本山直樹（2004）各種市販および自家製木酢液・竹酢液の変異原性．環動昆，15(4): 231-238.

小曽根恵子・金山彰宏・小曽根学（1995）チャバネゴキブリ成虫の食堂内における移動．ペストロジー学会誌，10(1): 32-36.

三浦大樹・田近五郎（2009）水封トラップの害虫侵入防止能力に関する検証．家屋害虫，31(2): 85-88.

水野隆夫・辻　英明（1974）ゴキブリ3種の潜伏行動．衛生動物，23: 237-240.

Nishida, R., Fumaki, H., and Ishii, S. (1974) Sex pheromone of the German cockroach (*Blattella germanica* L.) responsible for male wing-raising: 3, 1- Dimethyl-2-nonacosamone. Experientia, 30(9): 978-979.

Nishida, R., Sato, T., Kuwahara, Y., Fukami, H., and Ishiii, S. (1976) Female sex pheromone of the German cockroach, *Blattella germanica* (L.)(Orthoptera: Blattellidae), responsible for male wing-raising II. 29-Hydroxy-3,11-dimethyl-2-nonacoaone. Journal of Chemical Ecology, 2(4): 449-455.

Nojima, S., Sakuma, M., Nishida., R., and Kuwahara, Y. (1999) A glandular gift in the cockroach, *Blattella gernanica* (L.) (Dictyoptera: Blattellidae): The courtship feeding of a female on secretions from male tergal glands. Journal of Insect Behavior, 12(5): 627-640.

大野茂紀・辻　英明（1972）餌の量に支配されるチャバネゴキブリ現存量の平衡と幼虫率おおびトラップに対する個体の反応．衛生動物，23: 72-81.

大野茂紀・辻　英明（1974）温度によるゴキブリ4種の潜伏行動の変化．

衛生動物，25(): 95-98.

Reierson, D. A. (1995) Baits for German cockroach control. Rust, M. K., Owens, J. M. and Reierson, D. A. (ed) Understanding and controlling the German cockroach, 430pp.. Oxford University Press. p. 231-265.

Sakuma, M., and Fukami, H. (1990) The aggregation pheromone of the German cockroach, *Blattella germanica* (L.) (Dictyoptera, Blattellidae)- Isolation and identification of the attractant components of the pheromone. Applied Entomology and Zoology, 25(3): 355-368.

Sakuma, M., and Fukami, H. (1993) Aggrigation arrestant pheromone of the German cockroach, *Blattella germanica* (L) (Dictyoptera: Blattellidae): Isolation and structure elucidation of blatteliastanoside-A and –B. Journal of Chemical Ecology, 19(11): 2521-2541.

Sakuma, M., Fukami, H., and Kuwahara Y. (1997) Aggregation pheromone of the German cockroach, *Blattella germanica* (L>) (Dictyoptera: Blattellidae): Release of attractant amines by salt formation. Applied Entomology and Zoology, 32(1): 143-152.

Seike, T., Nakamura, T., and Shimoda, C. (2015) Molecular coevolution of a sex pheromone and its receptor triggers reproductive isolation in Schizosaccaharomyces pombe. PNAS 2015, 112: 4405-4410.

Silverman, J., and Bieman, D. N. (1993) Glucose aversion in the German cockroach *Blattella germanica*. Journal of. Insect Physiology, 39: 925-933.

鈴木知之（2005）ゴキブリだもん—美しきゴキブリの世界—．幻冬舎コミックス．143pp.

Takahashi, T., Tsuji, H., Watanabe, N., Hatsukade, M. (1998) Movement of adult German cockroaches, *Blattella germaica* (Linnzeus) from an occupied harborage shelter to a vacant new shelter. Medical Entomology and Zoology, 49(3): 201-206.

高橋朋也・辻　英明（1999）ある一般家屋におけるクロゴキブリの発生消長—1. ペストロジ－学会大会講演要旨集.

高橋朋也・高橋加矢乃・辻　英明（2000）ある一般家屋におけるクロゴキブリの発生消長—2．ペストロジー学会大会講演要旨集.

Tsuji, H. (1965) Studies on the behavior pattern of three species of cockroaches, *Blattella germanica* (L.), *Periplaneta americana* L., and *P. fuliginosa* S., with special reference to some constituents of rice bran and some carbohydrates. Japanese Journal of Sanitary Zoology, 16: 255-262.

Tsuji, H. (1966) Attractive and feeding stimulative effect of some fatty acids and related compounds on three species of cockroaches. Japanese Journal of Sanitary Zoology, 17: 89-97.

辻　英明（1984）本邦チョウ類における生態学的諸問題 3，種の分化の機構と形質進化の方向性．環境生物研究会，41pp.

Tsuji, H. (1989) Feeding stimulant effect of four aldopentoses and three related compounds on Cockroaches. Japanese Journal of Environmental Entomology and. Zoolgy, 1(1): 27-30.

辻　英明（1995a）チャバネゴキブリ成虫卵鞘保持雌の摂食活動　―特に食毒剤に対する反応について―．ペストロジー学会誌，10(1): 5-9.

辻　英明（1995b）食物の経験の異なるチャバネゴキブリの食物選択．衛生動物，46(4): 339-344.

辻　英明（2003）クロゴキブリの自発飛翔．環動昆，14(1): 47-48.

辻　英明（2004）種の分化に関する論文２題の再録について．環動昆，15(3): 189-195.

Tsuji, H. (2013) Reprinting 2 papers on speciation. KSK Institute for Environmental Biology. Kyoto, Japan. 17pp. (Translated from the Japanese Journal of Environmental Entomology and Zoology, 15(3): 189-195).

Tsuji, H. and Mizuno, T. (1971) Laboratory use of first instar nymphs of the American cockroach, *Periplaneta americana*. Japanese Journal of Sanitary Zoology, 22: 1-7.

Tsuji, H. and Mizuno, T. (1973) Behavioral interaction between two harboring individuals of the smoky cockroach, *Periplaneta fuliginosa* S. Japanese Journal of Sanitary Zoology, 24: 65-72.

Tsuji, H. and Ono, S. (1970) Glycerol and related compounds as feeding stimulants for cockroaches. Japanese Journal of Sanitary Zoology, 21: 149-156.

辻　英明・立岩一恵（2002）粘着トラップ上のベイト食物に対するチャバネゴキブリ *Blattella germanica* (Linnaeus) の反応．Medical Entomology and Zoology, 53(4). 213-218.

辻　英明・森　誠・丸山祥一（2001）木酢液に対するチャバネゴキブリの忌避性．ペストロジー学会誌，16(1): 50-52.

Wharton, D. R. A., Lola, J. E. and Wharton, N. L. (1967) Population density, survival, growth, and development of the American cockroach. Journal of Insect Physiology., 13: 699-716.

V. ゴキブリの被害

ゴキブリの被害に関する文献や報道は無数にあり，それらを網羅することはとても不可能である。ゴキブリについてまとめた本も多数あるので，手に入れやすい参考書から被害に関する記載の一部を抜粋し，筆者なりの知見や考えを加えた。

1　直接の加害者として

直接的な人間の被害に関してBrenner（1995）は「病原体としてのゴキブリ」と書いている。たしかに病原体を微生物に限る必要はないと言える。

一部の昆虫学者を除くほとんどの人々にとって，ゴキブリは絶対嫌で見たくないものだ。すなわちゴキブリを見ること自体が被害となる心理的ストレス要因である。未知の暗闇から我々を窺う魔物であり，せいぜい理性的な人々にとっても非衛生環境の証なのだ。教育的なスライドを見せるだけで食事ができなくなると言う学生がいる。ゴキブリを見かける家の中では，ゴキブリが怖くて暗い台所やトイレに入れない人もいる。

大型ゴキブリ，特にクロゴキブリが嫌われる。暗闇から神出鬼没する黒い油光りのする姿が恐ろしく，ふんとともに残される臭いが嫌がられる。しかし，クロゴキブリは油で光っているのではない。クロゴキブリを溶媒で洗って完全に脱脂し，乾燥しても油光りはなくならない（辻，未発表）。つまり体表のキチン板がうるし塗り状態に光っているだけなのだ。キチン板の表面のワックスの薄層は肉眼で認識できないし，そもそも生体の体表でぬるぬるしている液体は油ではなく，水分の多い分泌物である。

ダニやシラミが体に食い込んで離れないという妄想と同様のことがゴキブリについてもあるようだ。ゴキブリの大量発生（の妄想）に怯えて引っ越しても，引っ越し先の新居でまた遭遇し，問題は解決しない（被寄生妄想，Schrut & Waldron, 1963）。住居被害としてGrace & Wood（1987）は「窃盗寄生妄想」とも言っている。たとえ妄想であっても，ゴキブリがその人の健康に影響していることは事実なのである。

直接人間に噛みつく被害もある。顔面についた食べ物を食べ，顔に水ぶくれが生じたり（Hasselt, 1865），眠っている船員の皮膚（たこ，うおのめ），指の爪，まつげを噛んだり（Heiser, 1936）の古い報告のほか，多くの例がある（Roth & Wills, 1957）。食べ物による汚れなど，匂いや味が直接的な噛みつき行動に結びついていることは明らかだ。だから眠っている乳児も危険である。人間ではないが，動物園のゾウガメの甲羅の下に多数のゴキブリが棲み着いて加害した例も述べられている（石井，1976）。

2 病原体の運搬者として

Roth & Willis（1957）はゴキブリと病原生物との関係についての広範な情報を集めた。その内容を紹介したCornwell（1968）は，下水や病棟その他のゴキブリ（ふん，消化管，体表，脚等）から検出された病原性のバクテリア類17種の情報を一覧表にまとめている。

たとえば，ゴキブリは食中毒の原因のサルモネラ菌の運び屋である（Roth & Willis, 1957, 1960; Rueger & Olson, 1969）。ワモンゴキブリのふんで汚染された場合，サルモネラ菌の一種*Salmonella oranienburg*はコーンフレーク上で3.5年，クラッカー上で4.25年，ガラススライド上で3.67年間生存し，感染ゴキブリのわずかなふんと共存した場合，マウスは1日で感染する（Rueger & Olson, 1969）。

直接人間に対して病原体が移行する実験は無理だが，捕獲されたゴキブリに付随した病原体として，チフスや胃腸炎の流行と家庭のゴキブリの持つ病原体が関連することが示されている（Roth & Wllis, 1960; Koehler et al., 1990）。たとえば，チャバネゴキブリで赤痢菌やサルモネラ菌（食中毒菌）が，トウヨウゴキブリでチフス菌や腸管感染菌（大腸菌）などである。

ウイルスについても，ワモンゴキブリやチャバネゴキブリで小児麻痺の病原体が検出されている（Syverton et al., 1952）。また，アフリカのエイズが蔓延している地域のワモンゴキブリから病原ウイルスと相同のDNA（遺伝子）が分離され，このウイルスの感染の可能性がでている（Becker et al., 1986）。2003〜2004年の冬に猛威をふるったSARS（新型肺炎＝重症急性呼吸器症候群）の病原体ウイルスの感染源となる動物は特定されていないが（水谷，2004），感染経路の一つとして汚物などの汚染物質や体液との接触が挙げられているので（賀来ら，2004），流行時におけるゴキブリの脅威は否定できない。実際，2003年の香港九龍地区の高層マンション「アモイガーデン」の集団感染に関し，香港の衛生当局が汚水系統の衛生問題を解決し，トイレの消毒管理を行う必要があるとしたとか，関係者がゴキブリの関与についての探索を行っていると述べたという報道があった（2003年8月4日BBCニュースなど。カビその他については省略）。

3　アレルギーの原因

Kang & Sulit（1978）は，ハウスダスト中のダニとゴキブリの成分が，喘息を引き起こす最も普通のアレルゲン（アレルギーの原因物質）であると関連づけ，その後，ゴキブリによるアレルギーは広く関心を持たれて研究されている（Brenner et al., 1991）。ゴキブリによるアレルギー症状はくしゃみと鼻水，皮膚や眼への刺激が多く，呼吸困難もある。職業的にゴキブリに関わる人にはアナフィラキシー（ショック）の発作もある。ゴキブリの破砕虫体や排泄物の粒子が，主として鼻にアレルギー症状を引き起こす原因となると考えられている。日本国内のアレルギー性鼻炎の患者560人に調査したところ，ゴキブリの抗原に対して抗体のあった患者の割合は13％で，ハウスダスト，ダニ，ガ，ユスリカに対する反応率とは相関が低く，独立した抗原性をもつと推定されている（奥田ら，2001）。

一方，Brenner（1995）は，ゴキブリ1種に対してアレルギー陽性になると他種に対しても陽性になるという交差反応性や，昆虫1種にたいするアレルギーの発達が，エビ，カニ，チリダニ，ワラジムシなど他の節足動物に対する交差反応性をもたらすというデータについても言及し警告している。

4　食害と汚染

ゴキブリが食品や貴重品を食害し，排泄物や嘔吐物で汚染することは，われわれのよく経験するところだ。雑食性なので，食品だけでなく，糊や味のついた液体が付着した紙，木片，皮革類，ビニールなどを加害する（写真5-1）。これはゴキブリが香りや味に反応して摂食活動を行うためで（辻，1979），栄養的に不十分のものでも食べてしまうからだ。栄養にならない無色のろ紙粉末にグリセリンのような甘味料を微量に加えて与えると，大型ゴキブリはそれを盛んに食べ，白いふんをするようになる（辻，未発表）。

ゴキブリの排泄物の混入汚染は，見かけだけでも大きな問題となる（写真5-2）。クロゴキブリの排泄物は付着性が強く（高橋ら，2005），段ボールや包装紙をよりひどく汚染することになる。文化財や美術品などの被害も重大なものとなる。このような排泄物による汚染の色彩はゴキブリが食べたものの色彩を反映している（渡部・田原，2004）。

写真5-1　クロゴキブリに齧られた隠れ場所の板（手前）．

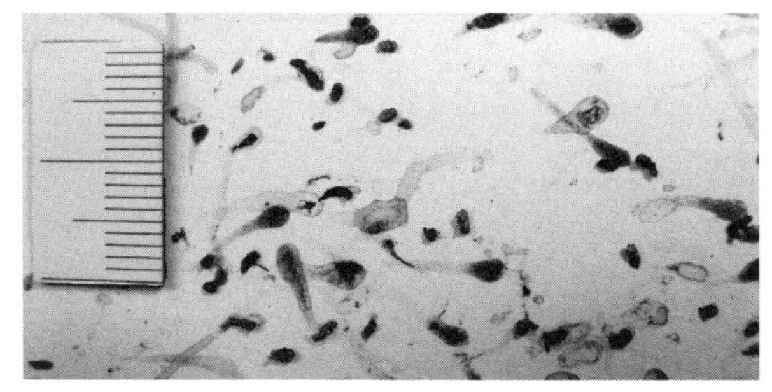

写真5-2　クロゴキブリによる汚れとふん（左：紙の表面に付着したクロゴキブリの液状ふん／右：クロゴキブリの固形ふん）．

5　機器や部品への危害

ゴキブリは狭い隙間に歩行侵入する能力があり，熱帯性のチャバネゴキブリは暖かい場所を求めて潜入するので，発熱性の精密機器や部品に入り込んで機能を害するおそれがある。単純な電気系統でも注意が必要で，電子ジャーの底にチャバネゴキブリ多数が棲み着き，発煙した例が報道されたことがある。また，カップ麺やカップスープに熱湯を注いだ時チャバネゴキブリの混入を発見する事例が多く，その理由として，電気ポット内にゴキブリが侵入しており，そこから熱湯とともに排出される可能性が高いことが実験的に示されている（大町・谷川，2003）。

6　混入（侵入）異物として

医薬品などへの混入は論外であるが，その他の企業による工場製品，特に食品にゴキブリやその破片が混入し汚染した場合，その企業への被害は最大である。たとえ加熱滅菌状態であっても，それを見た最終消費者の不快と不安が最高であることは本稿冒頭の「1　直接の加害者として」（140 頁）の節に述べたことからも明らかだ。もちろん，工場の衛生管理状態についても大きな疑問が発生する。したがって，大量納入先のスーパーストアやコンビニ企業から納入拒否を含むなんらかのペナルティを受け，製造工場側企業の死活問題にもなりかねない。実際，一見美しい工場の注入（封入）機械の稼働中に従業員が近距離で監視しているにもかかわらず，大型のクロゴキブリが食品に入りこむことが起こる。こうして全身のまま混入が検出されたり，加工され破壊された休の一部が検出されたりすることになる。

大型ゴキブリが監視の目をくぐる理由として以下のことが考えられる。

1. 隙間から侵入しやすい形態と，夜行性により，目立たずに室内に入りやすい。
2. 清潔な室内にも原料の荷物やパレット（荷台）に潜伏した状態で運び込まれやすい。
3. 夜間に移動，匂いのする機械や調理台に接近し，昼間はそれらの陰に潜伏している。

4. 毎日，空腹になって食品や飲料めがけて積極的に接近する。
5. 機械の細い部分やチューブなどを自在に這い上がることができる。
6. 黒い姿で忍者的に行動するので，目前で大きく行動しないと気が付きにくい。
7. 狭い視野で監視していると，監視のゆるんだ瞬間に現れて入り込む可能性がある。

もちろん製品が消費者に届いてからの混入もあり，同様の理由が当てはまる。

企業としては，まずゴキブリの棲まない清潔な室内とし，外部に置かれたパレットや荷物などを製品の注入や封入の行われる室内に持ち込まないようにすることが大切である。飲食店においても客がゴキブリ，特に大型のクロゴキブリを発見した場合の不安や不快さは極めて大きいものがある。多くの客はその店に二度と来たがらないだろう。

小型ゴキブリの混入被害も重大だ。チャバネゴキブリのように小型の種類の増殖スピードは大型ゴキブリよりはるかに速いこともあって，飲食店や食品工場における定着増殖の危険はむしろ大きいものがある。

いずれにせよ，防虫対策だけでなく，混入クレームが発生した時に混入経路や混入時期を判断できるようなデータも必要とされる。

7 人為混入

ゴキブリが非常に嫌われることや，混入が信用を落とすことを利用して，ゴキブリを人為的に混入させて企業や店を恫喝する犯罪も起こり得る。これはゴキブリ自体の害ではないが，対応できる研究とデータが必要であることも事実である。

8 野外ゴキブリと室内ゴキブリ

ある会合で自然環境の保全を重視される方から「ゴキブリを殺虫剤で

殺してしまうのに疑問がある。ゴキブリに罪があるのか。ゴキブリを殺さなくてもいいのではないかと思うが，それを言うとご婦人方から猛烈なブーイングを受けた。どう考えるか」という意味の質問を受けた。

筆者は「ゴキブリは悪いヤツだから住居から遠い屋外で暮らしているゴキブリまで全滅させろと言っているわけではない。人間の食べ物，医薬品，機器，文化財への混入と汚染，また，直接人間に害が及ぶことは防がなければならないと考えている。したがって，人間の住居，病院，工場内のゴキブリ対策に苦労している」という意味のことを申し上げた。

ゴキブリは大変重要な問題であると考えている人は日本で81％，アメリカのバージニア州で87％，中国の杭州で94％という調査結果がある（平尾，1990）。おそらく，この問題意識には多分に本能的なものも含まれている。ご婦人方にかぎらず，人々が本能的にゴキブリを嫌うのは，未知なものに対する警戒本能の表れで，人間の生き残りに必要な本能であろう。しかし，研究と学習によって過度の恐れを除外し，真に恐るべき事柄を明らかにすることが大切なのである。

一般家庭でみられるゴキブリはヤマトゴキブリかクロゴキブリであるが，これらの種類は本来野外に棲んでおり，それらが人間に危害を加えるわけではない。これらの種類が人間の住居や工場に侵入し定着することを防ぐべきであろう。幸い，毎年野外からの侵入するためか，大型種であるにもかかわらず，殺虫剤の施用面に触れると容易に死亡するし，毒餌も有効である。

一方，小型種のチャバネゴキブリは工場や飲食店その他の暖かい人工環境だけに定着増殖する，すなわち，人間に密着して生活しているので，殺虫剤処理の生き残りが増殖して抵抗性が発達し，駆除が困難となるケースが多い。その対策には，より恒常的な努力とコストが必要とされる。これも大きな被害といえる。

9　人の疾病構造の歴史とゴキブリ

文明の第一段階では人類の主要な死亡要因は消化器系の感染症，第二段階では呼吸器系感染症，第三段階では生活習慣病，そして最終段階では社会的不適合による死亡という仮説が現実によく適合しているといわれる（村上，2002）。ゴキブリが社会で果たす悪役の構造も，この変化と結びついているのも当然である。今まで述べたことを一部重複して説明するが，歴史的な流れの中で振り返ってみたい。

9-1　疾病構造の第一段階とゴキブリ

明治時代には，コレラ，疫痢，赤痢という消化器系感染症が圧倒的に重要な感染症であった。それらの流行には病原菌を（人間の排泄物から）運ぶハエが重要な役割を演じた。ゴキブリも不潔な場所に棲息したり歩行したりするので，ハエと同様に病原菌を運ぶ能力がある。実際に消化器系感染症や食中毒の病原体が存在する場所，すなわち病気が発生している区域で捕獲されたゴキブリから病原菌が検出されている（Roth &Willis, 1957, 1960; Rueger & Olson, 1969）。当時，ゴキブリがハエとともに重要な衛生害虫として駆除の対照となっていたのは当然である。

今日，水洗便所や下水道などの整備により環境が清潔となり，医薬品や治療法が発達することにより病原体が容易に無力化されるようになると，それを運ぶゴキブリの脅威が薄れている。しかし，ゴキブリの運搬能力そのものが消失したわけではないので，新たに病原体が持ち込まれれば，ゴキブリによる運搬が警戒すべきものとなるはずである。アフリカでエイズの蔓延にともない，その病原ウイルスと相同の DNA がワモンゴキブリから分離されたり，香港で SARS（新型肺炎）が猛威をふるった際には，その感染経路の一つとして汚物などと体液との接触が挙げられ（賀来ら，2004），病原体ウイルスをゴキブリが運んでいるのではないかと疑われたりした（2003 年 8 月 4 日 BBC ニュースなど）。

9-2　疾病構造の第二段階とゴキブリ

日本の第二段階の昭和に入ると，致命的な疾病は呼吸器系感染症の結核や肺炎などが主役となった。その感染経路は主として飛沫感染，空気感染のほか，接触や間接接触もあり得るので，近年でも香港における SARS（新型肺炎）のように経路の解明が不完全な場合には，ゴキブリも警戒の対象となったのである（水谷，2004）。

9-3　疾病構造の第三段階とゴキブリ

太平洋戦争後まもなく（1951年），結核は死亡要因の一位から転落し，近年までにガン，心臓疾患，脳血管疾患の三大生活習慣病を主要な死亡要因とする第三段階に入った。同時にアレルギー性疾患が急増し，ハウスダスト（室内のほこり）のダニとゴキブリが，喘息のもっとも普通のアレルギー原因であるとされて以来（Kang & Sulit, 1978），ゴキブリによるアレルギーが人々の関心を集め研究されている（Brenner et al., 1991）。

ゴキブリによるアレルギー症状の多くは，くしゃみと鼻水，皮膚や眼に対する刺激で，呼吸困難の場合もみられる。職業的にゴキブリに触れる人にはアナフィラキシーショックの危険もある。ゴキブリの虫体破砕物や排泄物の粒子が，人間の主として鼻にアレルギー症状を引き起こす原因となるとされている。国内で560人のアレルギー性鼻炎の患者を調査した結果，ゴキブリの抗原に対して抗体のあった患者（ゴキブリが原因と見られる患者）の割合が13%だったという（奥田ら，2001）。

9-4　疾病構造の最終段階とゴキブリ

社会における疾病構造の最終段階は，社会的不適合による死亡（および異常）の増加だといわれている。たとえば，ストレスへの不適合によって異常や自殺を引き起こす脳神経障害である。近年の社会関係不適合事例の増加がそれを裏付けるようにみえる。自殺まで至らないものの，ゴキブリのもたらすストレスも，正常なものから病的な段階まである。ゴキブリの被害の最終段階に位置するものはその病的な段階であり，その場合は，ゴキブリを見ただけで脳神経内の異常な物質変化の原因となるのであろう。

冒頭の「1　直接の加害者として」でのべたように，実際，ほとんどの人々にとって，ゴキブリ（特に黒い大型ゴキブリ）は絶対見たくないもののように思われる。すなわち，ゴキブリを見ること自体が心理的なストレス要因となって，各種の妄想を含む被害をもたらしている。たとえ妄想であっても，ゴキブリがその人の健康に影響していることは事実なのである。

すでに述べたように，人々が本能的にゴキブリを恐れ嫌うのは，おそらく未知なものに対する警戒本能の表れであり，人間の生き残りに必要な本能なのであろう。しかし，それが健康的な範囲を超えることを防ぐことも大切であり，そのためには，研究と学習によって過度の恐れを除外し，真に恐れるべき事実は何であるかを学ぶことが大切である。

9-5　混入異物としてのゴキブリ

社会における疾病構造が最終段階に到達している今日，人々の神経がとぎすまされる傾向がある。近年，安全，精密，清潔を要する企業製品，特に医薬品や食品への異物混入が大きく取り上げられることでも，それが示されている。

ゴキブリの実害として，病原体の運搬，アレルギー源，直接加害と汚染，機器や美術品への侵入汚染による危害や損害があり，加えて人々の本能的な嫌悪感が極めて大きい。それゆえ，企業による製品，たとえば食品に対し，ゴキブリやその痕跡の混入や汚染が認められた場合，その企業の受ける被害は大きい。たとえ加熱滅菌状態であっても，それを見た消費者の不快と不安ははかり知れない。工場の衛生管理状態の評価は最悪となって，納入先からの納入拒否はもちろん，公的にも全品回収指示や操業停止など，製造企業の死活問題になりかねない。

現在の製造現場では，衛生害虫だけでなく，あらゆる昆虫の混入ゼロを目指す管理業務が真剣に取り組まれる時代となっている。そして混入する昆虫の中でも，ゴキブリは特に嫌悪されるものである。

（注）

本稿（第Ⅴ部）の１～８は以下の雑誌に発表した筆者の論説を文語体に直したものです。また９の一部が重なる点をご了承ください。

辻　英明（2007）ゴキブリの被害．ペストコントロール１月号，38-42.

「ペストコントロール」は「公益社団法人日本ペストコントロール協会」の機関誌です。

この協会は衛生害虫やネズミなどの有害生物の駆除と予防に関する公益事業を行う組織で，全国に県単位の害虫相談所，会員研修，東日本大震災被災地のハエ大発生対策や，鳥インフルエンザ対策支援への出動などの実績があります。ホームページで検索容易です。

住所：〒101-0045　東京都千代田区神田鍛冶町 3-3-4，サンクス神田駅前ビル 3F
電話：(03) 5207-6321

引用文献

Becker, T. L., Hazan, O., Nugeyre, M. T. et al. (1986) Infection of insect cell lines by HIV and evidence for HIV proviral DNA in insects. CR Academy of Science, 303: 303-306.

Brenner, R. J. (1995) Economics and medical importance of German cockroaches. Rust, M.K.(ed) Understanding and controlling the German cockroache. Oxford University Press 430pp., 71-92.

Brenner, R. J., Barnes, K. C., Helm, R. M., and Williams, L. W. (1991) Modernized society and allergies to arthropods: risks and challenges to entomologists. American Entomology, 37: 143-155.

Cornwell, P.B. (1968) The cockroach. A laboratory insect and an industrial pest. Huntchinson of London. 391pp.

Grace, K. J. and Wood, D. L. (1987) Delusory cloptoparasitosis: delusions of arthropod infestation in the home. Pan-Pacific. Entomology, 63: 1-4.

Hasselt, A. W. M. van (1865) Iets over het blaartrekkend vermogen der Blatta Americana. Tijdschrift Entomology, 8: 89-99.

Heiser, V. (1936) An Amercan doctor's odyssey. W. W. Norton and Co. Inc., N.Y.

平尾素一（1990）ゴキブリに対する問題意識調査．ペストロジー学会誌，5(1): 24-26.

石井象二郎（1976）ゴキブリの話．北隆館，193pp.

賀来満夫・国島広之・金光敬二（2004）SARS 感染対策のキーポイント．日本農村医学会雑誌，52: 805-811.

Kang, B. and Sulit, N. (1978) A comparative study of prevalence of skin hypersensitivity to cockroach and house dust antigens. Annals of Allergy, 41: 333-336.

Koehler, P. G., Patterson, R. S., and Brenner, R. J. (1990) Cockroaches. In Handbook of Pest Control, (A. Mallis, Ed.), pp.101-175. Franzak and Foster Co., Cleaveland, OH.

水谷哲也（2004）SARS-CoV に関する最新の研究と今後の展望．ウイルス，5: 97-105.

村上陽一郎（2002）新しい医師・患者関係．日本医学会 100 周年記念シンポジウム記録集，6～10 頁．日本医学会，2002 年 6 月 6 日，日本医師会館．

奥田　稔 他　昆虫アレルギー研究班（2001）Nasal-Allergy Information Center, http://www.nasal-allergy.net/top/allergy/other/goki.html (2002-2006)

大町俊司，谷川　力（2003）電気ポット内へのチャバネゴキブリ侵入の実験的検証，ペストロジー学会誌，18(1): 31-33.

Roth, L. M. and Wills, E. R. (1957) The medical and veterinary importance of cockroaches. Smithonian Institute Miscellaneous Collections, 134: 1-147.

Roth, M. K. and Willis, E. R. (1960) The biotic associations of cockroaches. Smithonian Institute Miscellaneous Collections, 141: 1-470.

Rueger, M. E. and Olson, T. A. (1969) Cockroaches (Blattaria) as vectors of food poisoning and food infection organisms. Journal of Medical Entomology, 6: 185-189.

Schrut, A. H. and Wardron, W. G. (1963) Psychiatric and entomological aspects of delusory parasitosis. Journal of American Medical Association, 86: 429-430.

Syverton, J. T., Fischer, R. G., Smith, S. A., Dow, R. P. and Schoof, H. F. (1952) The cockroach as a natural extrahuman source of poliomyelitis virus. Federation Proceedings, 11: 483.

高橋知代・久志本彩子・田原雄一郎（2005）ゴキブリのふんの形状 ― 家住性ゴキブリ成虫5種の糞の形状と特徴 ―．ペストロジー，20(1):15-18.

辻　英明（編）（1979）ゴキブリの定住，潜伏，摂食に」関する研究（付：食毒剤の効果と個体群，殺虫剤の研究）．環境生物研究会，146pp.

渡部泰弘・田原雄一郎（2004）クロゴキブリの餌の色と糞の色との関係．ペストロジー学会誌，19(1): 21-24.

Ⅵ. ゴキブリの管理

1　IPM（総合的有害生物管理）

ゴキブリは野外では掃除人として働いているが，屋内では嫌われる。一般家庭ももちろんだが，企業や公共施設でもゴキブリに対する対応は一層真剣なものがある。消化器系などの感染症が流行中はもちろん，その恐れが減少した近年においても，ゴキブリによる侵入，混入，汚染の防止が，製造工場や飲食店などで強く求められているからである。

レストランなどは身近な場所であるが，清潔な製品の提供を求められる企業の食品や薬品の製造工場，包装材料工場，あるいは精密機器の製造工場，さらに貴重な文化財をまもるべき施設などでは，ゴキブリに限らず，微小な飛来昆虫や歩行昆虫を含む，あらゆる昆虫の侵入や混入の防止と真剣に取り組んでいる。一方，この仕事を引き受ける業者も少なからず存在し，顧客と協力して技術や管理体制の向上に努力している。

近年，殺虫剤使用量の抑制や，管理作業の記録保持という時代の要求もあり，工場等の施設内における昆虫の混入対策も，単なる殺虫剤散布による害虫駆除作業から，いわゆるIPM（Integrated Pest Management＝総合的有害生物管理）へと大きな意識転換が行われている。

2　防虫管理の基本的考え方

2-1　虫がいるから被害が起こる

施設内，特に重要な区域の昆虫数が，混入や汚染など事故の危険度に直結するという前提で防虫管理を行う。したがって，その隣接室や外周なども含めて，出現する昆虫の種類や個体数の変動を常に監視（モニタリング）し，その数に応じた作業によって対応するのがIPMの基礎である。それによって，重要な区域の昆虫数をゼロないし一定レベル以下に抑え続けようとするのである。

2-2　定期的殺虫剤散布からIPMへ

習慣的，定期的な殺虫剤散布だけでは，環境に対して好ましくない無駄な散布になりかねない。昆虫の侵入や発生を監視し，潜伏場所や行動パターンから考えた適切な廃物管理，建造物修理，保守点検，殺虫剤を含む，各種技術の組み合わせによって，長期的に混入問題を解決する管理方式が IPM である。

屋内のゴキブリの発生が餌，水分，隠れ場所に大きく依存していることが明らかなので，その管理を含む環境整備は特に重要である。

2-3　調査と記録なしでは対策と説明ができない

厳密を要する，あるいは大規模な現場では，管理者あるいは施工者みずからの対策の改良や，顧客など第３者への説明のために，具体的な管理施工の合理性と，施工結果（品質）を保証する根拠（説明）の文書化（＝バリデーション）が必要となる。

このために，害虫に応じた調査法と多様な防除手段について，知識と経験の積み重ねが必要であり，いずれについても記録を残す文書化の工夫が求められる。つまり，今日の害虫管理業務は，殺虫剤を散布するだけの単純作業ではなく，総合的な手段により行われ，記録にもとづき，対策と結果を第三者にも説明し，保証することが求められている。

もちろん，記録は施工グループ内の技術の改善と伝承に必須であり，これらをおろそかにすれば，技術は人と共に消失する。

3　食品工場などでの対応項目

専門的な話は省いて，管理体制の例を垣間見る程度に言えば，害虫管理も衛生管理の一環であり，衛生管理の手法として混入などの危険の起こりやすい「重要管理区域」を設定する。その前に，イ）過去の混入記録の検討（製品，虫の種類，推定混入経路），ロ）工場の現状調査，ハ）工場内の区域分け（虫の存在程度により，普通区，準清潔区，清潔区，ゼロ区など，後２区が重要管理区域）を行い，ニ）その後は年間を通じて各区域のモニタリング（トラップなどによる継続監視）を行う。

そして，「重要管理区域」では製品に混入が起こらないことを目標に管理作業を実行するのである。たとえば清潔区で一定の数値以上になったら直ちに対策を実行する「管理基準値」を設定しておくのである。実際は危険な封入装置のブースには虫がいてはいけないから「ゼロ区」とし，1匹でもアクションを起こす。外部からの侵入に対しては，ゼロ区ブースの外隣部を清潔区として，その管理基準値を低く設定して警戒すれば，ゼロ区の数値をゼロに保つ努力となる。

4　害虫の侵入経路

平尾素一博士は，侵入する経路に応じて，①屋内で発生する虫，②飛来侵入する虫，③歩行侵入する虫，④排水系からの発生や侵入する虫，⑤人為的に移入される虫，と区別法を提案している（平尾，1980）。非常に現実的な分類で便利だ。同じ昆虫でも複数の侵入経路から侵入するから，「侵入する虫」の代わりに「侵入する場合」と考えた方がよいが，種類により頻度が高い経路があり，モニタリングで発見された虫の侵入経路を考察するのに役立つ。

5　ゴキブリ IMP の諸問題

5-1　客観的なモニタリングと防除効果判定

ゴキブリ（活動個体数）のモニタリングにも臨時の調査においても，近年では床置き式の粘着トラップを使用するトラップ調査が定法である。ゴキブリの状況は以下のように捕獲個体数を指数で表す。

ゴキブリ指数＝平均捕獲指数＝1日1トラップ当たりの捕獲数

通常のモニタリングとして，1ヶ月ごとにトラップを回収交換する場合，臨時に1週間ずつ設置する場合などがある。防除施工の効果は，施工前の捕獲指数と後における捕獲指数を比較して判定する。効果が直ちにみられる場合と，遅効性の（ホウ酸ベイトなど）薬剤施工では，施工後の効果が1ヶ月後から明らかになることもある。緊急時や研究目的でなければ，施工後の効果を通常のモニタリングの結果から判断しても差し支えない。

5-2 ゴキブリ指数とトラップ設置数

「平均捕獲指数」はトラップの数や位置で人為的に変動するものであることを承知しておく必要がある。施工前なるべく個体数が多いと見られる場所を主体に多めにトラップを設置し，チャバネゴキブリの場合，もし捕獲指数が1未満のトラップがあればそれを除外し（当然平均指数が高くなる），施工後には除外されなかった位置だけに設置して，その位置同士で施工前後の比較を行うことが望ましい（次節「6　トラップによる調査」162頁参照；辻ら，2001）。

防除（維持管理）基準は工場など施主の目標に応じて設定すべきだが，ビルなどで防除業者が（恥ずかしくない）数値を自主的に設定する場合，日本ペストコントロール協会（2008）として「トラップを置いた区域におけるゴキブリ指数が1以下であること」「個々のトラップの指数も2以下であること」が望ましいとした。施工後にすべての位置において指数が1以下（誘引物なしのトラップではさらに低い0.5以下など）になるような効果を目標とすることもよいと考えている（辻ら，2001）。

5-3 トラップの誘引性とサイズなど

ゴキブリはトラップ上に誘引餌があるとより多く捕まるが（辻・立岩，2002a），調査用には誘引物はなくてもよい。また，捕獲数はトラップのサイズにかならずしも比例しないから，異なる2種の（サイズの）トラップの結果を単純に面積計算で補正比較することは危険である（辻・立岩，2002b）。トラップの施工前後の比較においては，必ず同じ条件のトラップを用い，同じ場所に設置して比較を行わなければならない。

5-4 防除の要点

ゴキブリの個体数は，餌，水，隠れ場所の多さに密接に関係しているので，それらを除去し遮断するサニテーションが大切である。餌と水は必ず必要なので，餌や水場に近い潜伏場所を発見し，ベイト（食毒剤）を施工すると有効である。大抵の殺虫剤には忌避性があるので，ベイト施工ポイントに散布，噴霧，注入をしないようにする。しかし，ベイト施工ポイント以外の場所（床面，壁など）に殺虫剤の残留散布をする。

忌避性のない薬剤（マイクロカプセル剤やサフロチン剤）では長時間接触によってより高い殺虫効果が期待できる。ベイトのみ，あるいは散布薬剤の一方のみを使用すると，施工できない場所が必ず残り，防除が不十分になる。これでは一種の手抜き施工となるので，両方を使い分けて，ゴキブリの潜伏場所や活動場所の全体をカバーするようにする。

5-5　チャバネゴキブリは冬の防除が大切

チャバネゴキブリやワモンゴキブリは寒さに弱く（Tsuji & Mizuno, 1973），冬の潜伏は屋内の限られた暖かい場所だけになるので（高橋・辻，1996；辻，2000），ベイトか忌避性のない薬剤をそこに集中することで個体数を激減させることが夏期より容易である。チャバネゴキブリの大発生の源は冬の個体数で，夏秋に向かって100倍以上に増殖し分散するから，増殖分散してから慌てるよりも，冬期に源をたたくことが大切である。冬1匹を殺虫することは，夏の100匹を殺虫するより有効である。冬の潜伏場所の発見や，ベイト設置に適した場所の決定にも，トラップ調査が威力を発揮する。

5-6　雌成虫の駆除が大切

屋内でゴキブリが多数大発生している場所は，例外なく人為的に餌と飲み水が十分に供給されている，屋外屋内両方に棲むゴキブリの場合も，人為的な餌や水の供給が彼等を誘引し，多数の増殖を可能にしている。たとえ隠れるのに適した構造や物体が豊富にあっても，近くに餌や水が無いと潜伏場所とならない。

このように多数のゴキブリが棲息する場合は餌が豊富である。それゆえ，一時的に90％以上殺虫しても，結果として餌がますます残ることになる。その餌によってゴキブリは爆発的に回復し，すぐ元通りの大発生状態に戻る。

ゴキブリは成虫の寿命が100日以上と長く，その間に卵鞘（複数の卵が入ったケース）を次々と産むので，幼虫の孵化も次々に起こり，結果的に幼虫と成虫が混在して生活している。熱帯性のワモンゴキブリやチャバネゴキブリでは休眠がみられず，成虫と幼虫の混在傾向がいっそう顕著である。この状態で，活動の活発な雄成虫は食毒剤や殺虫剤で死亡しやすいが，雄成虫だけ殺虫しても，交尾ずみの雌成虫が産卵を続けると，大発生防止や再発防止のためには，あまり有効ではないと予想される。

この予想を支持するチャバネゴキブリのモデル実験がある（高橋ら，1996）。飲み水と隠れ場所のある棲息容器の中に，雌雄成虫10対から出発して毎週1 gの餌を与えると，3ヶ月以後は250～400匹に保たれ，一定の餌量に対してチャバネゴキブリの数がバランス状態になるまで急激に増加する事実（大野・辻，1972）を再確認した。その間，駆除作業のモデルとして毎月雄成虫だけを除去しても，棲息ゴキブリ数は対照区と差がなかったが，雌成虫だけの除去や雌雄両方除去の場合は7ヶ月で全滅した。幼虫だけ除去しても6ヶ月で全滅した。

殺虫剤処理に対しチャバネゴキブリの幼虫，特に小型幼虫は弱く，他方雌成虫は大型で，潜伏傾向が顕著なことを考慮すると，現場での発生抑制や再発生防止のために特に注意が必要なのは雌成虫の生き残りである。隠れ場所へのベイト（食毒剤）や忌避性のない薬剤の処理が有効性を発揮することが期待される。

5-7 クロゴキブリは毎年侵入

一般家庭でみられるクロゴキブリやヤマトゴキブリは寒さに強く，屋外で越冬した幼虫や初夏に羽化した成虫が毎年屋内に侵入する。屋外の生ゴミ置き場，犬小屋や植木鉢の下などのチェックと処理，屋内でも戸口付近などの侵入経路ぞいのベイト設置が有効である。幸い殺虫剤抵抗性の発達は少ないので，殺虫剤の残留処理も有効である。野外を広く殺虫剤処理することは，環境保護のために好ましくないし，なによりも殺虫剤抵抗性を誘発する可能性があるので，屋外処理はせいぜい建物の周囲のみに限定することが望ましい。

5-8 薬に弱いクロゴキブリ（大型種）

現在のところ，大型種のクロゴキブリは殺虫剤に対して比較的弱い（図6-1）。殺虫剤に対する抵抗性が発達していないのである。黒くて大型の

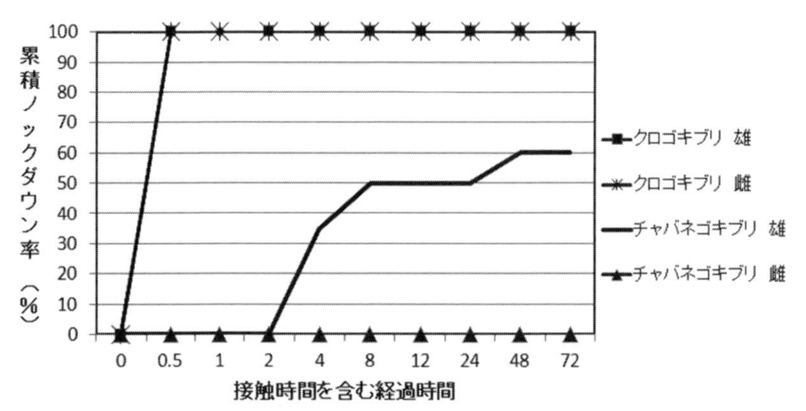

図 6-1　クロゴキブリとチャバネゴキブリとの殺虫剤感受性の相違（戸島・辻，原図）：大型のクロゴキブリが弱く，小型のチャバネゴキブリが強い．β−シフルトリン剤塗布ベニヤ板に強制接触（クロ 1 時間，チャバネ 8 時間）.

クロゴキブリやヤマトゴキブリは，大部分が屋内に棲息するものと長年考えられてきたので，屋内で殺虫する努力が続けられてきた。ところが，実は大部分が屋外の樹木上や地上に棲息し，毎年，抵抗性の発達していない新しいゴキブリが屋内に侵入するので，殺虫剤に弱いと考えられるのである。だから，今後とも，これらのゴキブリの駆除を目的に，広い屋外の樹木や地上を殺虫剤処理対象とせず，屋内ないし屋内にごく近い場所に近づくゴキブリを対象にすれば，殺虫剤が効かなくなる心配がないと期待される。

5-9　薬に強いチャバネゴキブリ（小型種）

熱帯性のチャバネゴキブリは屋外で越冬できないし，屋内構造にもよく適応しているので，特に温帯の主要な棲息場所と発生源は加温条件の整った屋内に限定される。その範囲内が繰り返し殺虫剤処理されるため，生き残った強いゴキブリの子孫が世代ごとに殺虫剤による選抜を受け，遺伝的な抵抗性を発達させてくるのである（図 6-1）。

これは，人間の病気の病原細菌が抗生物質に対して耐性を獲得してくるのと同じことで，それだけに，有効な薬剤は極めて貴重なものであり，慎重に使用するよう関係者の大きな努力が必要とされている。

台所の洗剤はなぜ効くか

ゴキブリは水に投げ込んでも水に浮かび，脚を動かして泳ぐようにして逃げるが，台所用洗剤やその水溶液に落ちるとすぐ死ぬ。だから洗剤は毒性が強いと言われたことがある。

しかし，ゴキブリが死ぬのは毒性が強いからではない。ゴキブリの体表面は水をはじいてぬれにくいのに対して，洗剤液にはぬれやすい。そのため，体の表面に並んでいる呼吸用の空気孔(気門という)や，その先の細い管の中に，空気の代わりに洗剤液が侵入し，空気呼吸ができなくなるのだ。だから毒殺ではなく，窒息死なのだ。化粧せっけんの水溶液でも同様の効果がある。この効果は全身が液体で覆われた時に示される。

たとえば，クロゴキブリの幼虫をカップに入れた普通の水に投入すると，あわてて脚を動かし，まるで泳ぐように水の表面を移動するが，やがてカップの壁に取り付き，縁まで登ってしまう。意地悪く，もう一度払い落とすと，同様にして間もなく登ってくる。

カップの水の中に市販洗剤液を加えたものにゴキブリを投入すると，ゴキブリはみるみる水中に沈み，1～3分で体が硬化して動かなくなってしまう。クロゴキブリの小～中型幼虫には市販の原液の約1/100,000に薄めたもの(つまり10万倍希釈水溶液)でも有効である（せっけん水の場合は1,000～5,000倍希釈水溶液)。成虫など大型ゴキブリでも1/20,000の薄め液でほぼ同様の結果が得られる。

ただし，このように液体の濃度が極端に薄い場合，これで死んだと思って直後に水中から引き上げてはいけない。動かなくなってから5～10分は水中に放置する必要がある。動かなくなってから2～3分以内に引き上げると，空気の管を塞いでいる液体が乾くか，あるいは体内に吸収されて呼吸が可能となり，ゴキブリが生き返ってくるからだ。つまり，呼吸を止めているのは水なので，仮死状態の間にその水がなくなるとゴキブリが蘇生するのである。

液体が原液の1/10や1/100希釈液など高濃度の場合は，ゴキブリのからだ全体に付着しただけで，即死に近い状態となる。これは呼吸管に入った液体が濃厚なため，ゴキブリが完全に死ぬまで呼吸を止め続けるからであろう。しかし，高濃度の液をところかまわず散布するのは感心しないので，薄い液にゴキブリを投入するのがよいと思う。散布する場合は清掃の際，泡状に散布し，ゴキブリをフラッシュアウト剤（追い出し剤）で追い込み，死亡してから清掃することも考えられる。

5-10　野外発生種と屋内発生種

「Ⅲ．ゴキブリの生態学」で述べたように，野外や暖房のない家屋構造周辺で棲息越冬し，野外から屋内への侵入が毎年みられる温帯性のゴキブリ（クロゴキブリ，ヤマトゴキブリ，キョウトゴキブリ）は，侵入時期と経路に配慮した対策が必要である。

他方，暖地や温暖施設に常時活動状態で棲息する熱帯・亜熱帯性のゴキブリ（チャバネゴキブリ，ワモンゴキブリ等）には，比較的低温の時期に棲息範囲が狭くなることを利用する配慮が望ましい。

6　トラップによる調査

6-1　トラップと調査

ゴキブリの現状や駆除努力の効果を知るためには，ゴキブリの数と活動の程度を調べる必要がある。調査データがないと，本当の判断も，第三者に対する説明もできない。

調査方法として目撃される数を数えたり，ふんの分布をみる方法もあるが，トラップを仕掛け，捕獲されるゴキブリの数で判断するのが普通である。ガラスの広口ビン（ジャー）の内側にバターや油を塗って脱出できないようにしたものも使えるが，近年は紙製やプラスチックシート製で組み立て式の粘着トラップが多く用いられている（写真6-1）。1週間など一定期間トラップを設置した後で回収し，中の粘着シートに付着したゴキブリを数える。

粘着トラップでもいくつかの異なる形式がある。目的や状況によって大型のものか小型のものか，誘引材料を付着させたものか付着させないものか，同じ形式でもメーカーによる差もある。

とにかく多く捕まえたい場合には大型の餌付きが適し，せまい場所などでは小型の方が具合がよい。個体数が多い場所や，長年にわたってデータを比較するなど，トラップごとの誘引性の変化を嫌う場合は，むしろ誘引材料なしのものを使用する。

たとえば，ホウ酸ダンゴを置く前と後を比較して効果を判定する場合や，長年にわたって，同じ場所でゴキブリの数がどのように変化したか

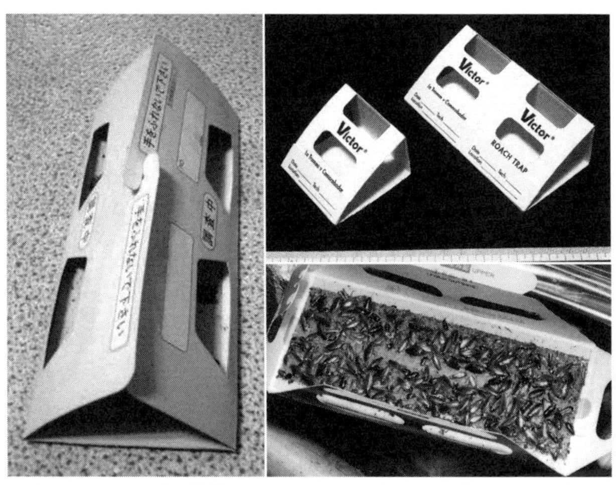

写真 6-1　ゴキブリ捕獲用組み立て式粘着トラップ：底が粘着シートになっている．紙製のほか，プラスチックシート製もある．右下は上カバーを開いて捕獲状況を示す．

を調べるためには，同じメーカーの同じ形式のものを使って比較する必要がある。同じ時期に異なる場所の捕獲数を比較する場合も同様に，同じ形式のトラップを使用しなければならない。

6-2　ゴキブリ指数

現場でのトラップの設置期間は通常 1 週間なら 1 週間一定とするが，状況により 2～3 日ずれることもある。トラップを 1 個だけ使用し，時期によってどのように捕獲数が変化するかをみる場合，設置期間が一定なら，捕獲数そのままでも比較できるが，異なる設置期間の捕獲数を比較するためには，捕獲数÷設置日数で示した「捕獲指数」（＝1 日あたりの捕獲数）を使用する。

実際には一つの区域で複数のトラップを使用することが多い。その場合は，その区域の平均値，すなわち，1 日 1 トラップ当たりの捕獲数＝「各トラップの捕獲指数の合計÷使用トラップ数」で異なる区域同士を比較する。通常は，一回の設置時には全トラップを同時に設置し，同時に回収するので，「全トラップの捕獲数÷設置日数÷使用トラップ数」で計算できる。これをその区域の「ゴキブリ指数（＝捕獲指数）」と呼んで，防除前と後などの間で比較ができる。

しかし，異なる区域のゴキブリ指数の大小によって，単純に異なる区域のゴキブリ数の大小を論ずることはできない。区域ごとのゴキブリ数の大小を比較するためには，それぞれの区域のゴキブリの絶対数を推定する必要があり，「適当」に置かれたトラップ調査では絶対数の推定は困難である。同じ区域でも，トラップを置く位置によって指数が変わるからである。だから「2区域の間」ではなく，「トラップ2群の間」の比較と考え，そう表現すれば問題はない。絶対数の推定にはサンプリング調査という面倒な調査法が必要である。たとえば，捕獲されたゴキブリが，トラップ設置区域に棲むゴキブリの何パーセントなのか，サンプリングの実験あるいは経験によって分からないと実数を推定できない。相対値で我慢するとしても，設置区域が室内全体に及んでいないと，室内全体の値として代表できない。設置区域2ヶ所の比較でも，区域によって複数トラップの配置間隔や日数が異なると，厳密な比較には無理がある。

なお，ゴキブリが少ない場合や，継続設置が必要な場合など，トラップの設置期間を1ヶ月など長期とし，その代わり，途中の付着状況を，現場の担当者が常時監視することも可能である。

6-3 調査用粘着トラップの設置数

先述したように，通常のトラップ調査は，絶対的な個体数を推定するためではなく，相対的な推定値を得るために行われる。1日1トラップあたりの捕獲数を「捕獲指数」として，ゴキブリ防除施工（ホウ酸ダンゴ施用など）の前後で比較することが普通である。

施工効果判定のためのトラップは，聞き取りや視察による情報に基づいて①ゴキブリが多いとされる位置，②多いかも知れない位置，③念のために確認したい位置，の重点順位で設置できる。しかし，ゴキブリの多い場所を確実に検出するために余分のトラップを置くと，捕獲数の少ないトラップや，捕獲ゼロのトラップが多くなり，さらにトラップの設置初期と後期で捕獲効率が異なる（初期は空いている付着面が広いが，後期はすでに付着したゴキブリが多いと空いている付着面が少ない）など，捕獲指数が人為的に変動するものであることも承知しておく必要がある。

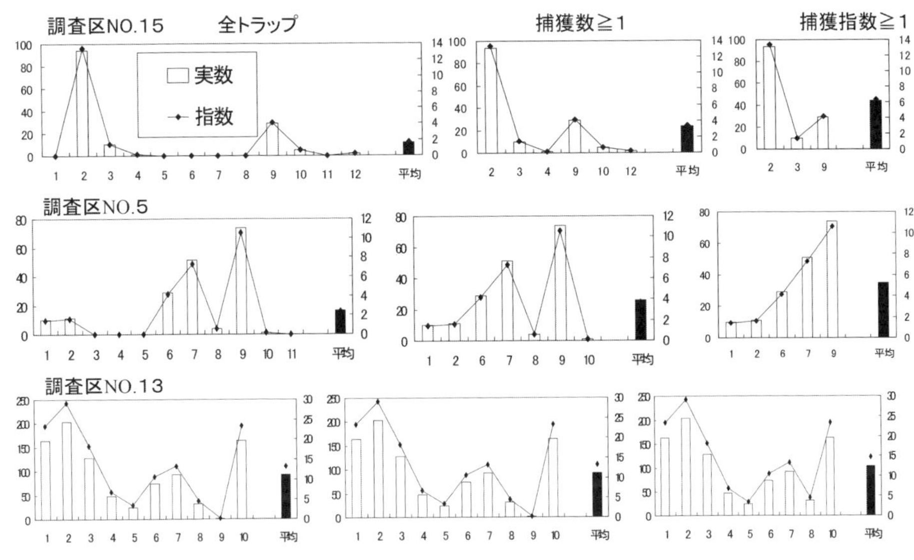

図 6-2　トラップ数の調整とゴキブリ指数（平均捕獲指数）との関係．（辻ら，2001）
X 軸：トラップ番号，　左 Y 軸：捕獲実数，　右 Y 軸：捕獲指数．

一方，施工前の捕獲数がゼロやそれに近いトラップの位置付近も一応防除施工が行われ，施工後にその位置の捕獲数が多くなることは実際上みられない。絶対的な個体数の推定でない以上，施工後の調査では，それらの位置のトラップの設置をとりやめ，それ以外のトラップによって施工前後の捕獲指数の比較を行った方が，施工の効果をよりハッキリ示せる。その実例を図 6-2 に示す。

飲食店など 16 ヶ所の各厨房で，粘着トラップを店により 8〜24 個，6〜8 日間設置した結果，1.7〜13.3 の捕獲指数が得られた。施工後の目標を「平均捕獲指数も，各トラップの捕獲指数も 1 未満とする」として，初期調査で指数 1 未満のトラップを対象外として除去すると，検討すべき重点トラップの数は 1/1.1〜1/4 と少なくなり，その結果，平均捕獲指数は 1.1〜3.8 倍に大きくなり，より高い捕獲指数（3.3〜14.8）が施工前の指数となった。

トラップ調査で得られる値は絶対的な個体数推定ではなく相対的な指数だから，トラップ数などの人為的な要因で変化する。実用的な場面において，ゴキブリの少ない場所のトラップを含む捕獲指数を基準とすれば，十分な効果がなくても低い指数となる。極端な場合，あらかじめ捕獲数ゼロのトラップを増やせば，平均指数がどんどん低くなり，防除不要であるという指数を得ることも可能なのだ。したがって，施工後に同じ位置にトラップを置くことを前提とするならば，例えば施工前の捕獲指数が1未満のトラップ位置を除外して，より高い捕獲指数から施工による指数低下を図り，しかも全ての位置において指数1以下（誘引物のないトラップではさらに低い値の0.5以下など）とする目標を立てることが望ましい（辻ら，2001）。

引用文献

平尾素一（1980）医薬品工場における防虫対策の実際．第3回医薬品の製造と品質管理シンポジゥム抄録，27-32.

日本ペストコントロール協会（2008）PCOのためのIPM―害虫別・施設別IPMマニュアル．日本ペストコントロール協会，79pp.

大野茂紀・辻　英明（1972）餌の量に支配されるチャバネゴキブリ現存量の平衡と幼虫率おおびトラップに対する個体の反応．衛生動物，23: 72-81.

高橋朋也・辻　英明（1996）日本ペストロジー学会大会，セミナー講演要旨，p.32.

高橋朋也・渡辺信子・曽根麻紀子・辻　英明（1996）チャバネゴキブリ個体群の動態におよぼす特定グループ定期的除去の影響．ペストロジー学会誌，11(1):4446.

辻　英明（2000）ゴキブリの生活史・餌と冬．家屋害虫，21(2): 87-99.

Tsuji, H. and Mizuno, T. (1973) Effects of a low temperature on the survival and development of four species of cockroaches, *Blattella germanica, Periplaneta americana*, *P. fuliginosa*, and *P. japonica*. Japanese Journal Sanitary Zoology, 23: 185-194.

辻　英明・立岩一恵（2002a）粘着トラップ上のベイト食物に対するチャバネゴキブリ *Blattella germanica* (Linnaeus) の反応．Medical Entomology and Zoology, 53(4): 213-215.

辻　英明・立岩一恵（2002b）ゴキブリ捕獲数に対する粘着トラップの長さと誘引餌の影響．家屋害虫，24(1): 9-15.

辻　英明・河村由紀子・山内章史（2001）実地のゴキブリ捕獲指数に及ぼす調査用粘着トラップ数の影響．ペストロジー学会誌，16(2): 101-205.

Ⅶ. ホウ酸ダンゴ

1 食毒剤

1-1 まえがき

「ゴキブリ」と言えば「ホウ酸ダンゴ」と連想するくらい，私たちの頭の中で両者の結びつきは密接なものがある。ゴキブリ対策のために，一般家庭でも行われてきたホウ酸ダンゴ作りは，筆者にとってもゴキブリの科学入門だった。

筆者は1965年にゴキブリの食物誘引物質や摂食促進物質の研究結果を発表して以来，ゴキブリの食物に対する反応，ゴキブリ防除用の食毒剤（ベイト剤）とゴキブリ数（個体群）との関係，個体群のトラップ調査，ゴキブリの定住・耐寒性・生活史，ゴキブリの行動・潜伏・個体間干渉，ゴキブリの殺虫剤に対する感受性・忌避性など，50年間ほど研究を続けている。しかし，ゴキブリ防除は奥が深くて，今後もゴキブリの性質について広範な基礎研究と実用試験が必要と考える。

ここで，人間の生活に密着したゴキブリ研究の一端を知って頂くために，筆者らが行った古典的な食毒剤の基礎研究の一部を紹介したい。

1-2 ホウ酸ダンゴ・食毒剤・ベイト剤

ホウ酸ダンゴは古くからゴキブリの駆除に使われてきた庶民の知恵の一つである。蒸したジャガイモをすり潰してホウ酸を混ぜてダンゴにすれば，それだけで一応のホウ酸ダンゴが出来上がる。ジャガイモはゴキブリが好む餌で，ホウ酸はそれを食べるとゴキブリが死ぬ物質だ。このように食べ物に殺虫剤など特別な物質を混合し，これを有害動物に食べさせて駆除する製剤（人々が使いやすい内容と形状に製造した薬品）を食毒剤と呼ぶ。

食毒剤とほとんど同じ意味で「ベイト剤」あるいは「ベイト」という言葉がよく使われる。「ベイト」の語源は「食べ物」で，動物を捕らえる目的で彼らをおびき寄せるものを指す。食べ物に関係のない「フェロモン」のような誘引物質も，それが昆虫や動物を誘引する性質をわかりやすくするためにベイトと表現する場合もある。「ベイト」という言葉をさらに広い意味で用いる人は，ゴキブリが隠れ場所としておびき寄せられる小型容器内に殺虫性の細菌，ウイルス，カビ，線虫を害虫の身体に触れるように仕掛けたものまでベイトと呼ぶ場合もあるが，少し意味を広げすぎているように思える。

すでに述べてきたことであるが，ホウ酸ダンゴのように，食べさせて害虫を駆除する文字通りの食毒剤，特にゴキブリ駆除用の毒餌のことをベイト剤と称している。

1-3　ホウ酸ダンゴの研究

かつて「従来の殺虫剤の何十倍も強力で，何倍も早く死亡させるタイプの殺虫剤が発明された」と新聞に書かれても，現場で使用した時には，それほどの効果を示さないことがあった。よく調べてみると，それを散布した場所をゴキブリが避けて通り，触れようとしないことがわかった。もちろんそれを餌に混ぜても食べようとしない。そのようなことがあるのか無いのかも含めて，自由に行動するゴキブリが本当に駆除できるのかどうか，試してみなければ殺虫剤の有効性を判断できない。

ホウ酸ダンゴは適当な食べ物にホウ酸を殺虫成分として混合したゴキブリ用の食毒剤だ。殺虫成分としてのホウ酸の優れた性質は，適当な濃度であればゴキブリが忌避せず（気付かず）に餌とともに食べてしまうことと，食べたゴキブリが何日かすると確実に死んでしまうことである。さらに特徴として，死ぬまでに１週間から半月かかる。実はこれがゴキブリに対してよく効く原因である。中毒症状が現れるのが遅いため，ゴキブリが気づかずに十分食べてしまうからである。

市販のゴキブリ用食毒剤にはホウ酸以外の殺虫成分を用いたものがいくつかある。いずれにせよ，ゴキブリがよく死ぬ殺虫成分とよく食べる餌成分が用いられていないとゴキブリ駆除に有効なものとはならない。しかし前述のとおり，「強力な殺虫剤を使えばゴキブリも死ぬ」，「ゴキブリが殺虫剤に触れたり食べたりする」と単純に考えるのは誤りである。

ホウ酸ダンゴについても，どんな餌を使ったらよいのか，ホウ酸はどれくらい入れたらよいのか，どのように施用したらよいのか，現場での効果判定はどうするのかなどが問題となる。そのためには，ゴキブリの生態，行動，特に餌に対する反応，ホウ酸の性質などに関する基礎的な知識が必要だ。これらの知識の必要性はホウ酸以外の殺虫成分を用いる場合にも全く同様である。ホウ酸ダンゴの歴史が古いだけに，その研究はゴキブリ用食毒剤の研究の基礎となるものだ。もちろん人間や家畜，特に幼児に対して安全に扱えることが前提になる。

2　ホウ酸の殺虫力

2-1　ホウ酸の最適な量

ホウ酸がゴキブリに優れた効果を示すと言っても，実際のダンゴにどのくらい入れたらよいのか。少なすぎると効かないかも知れず，多すぎて無駄だったり，ゴキブリが餌を食べなくなるかも知れない。最適の量を決めるには実際にダンゴに作って，形ができるのか，ゴキブリが食べてくれるのか，死んでくれるのか，その様子を一つ一つ確かめなければならない。適当に混ぜればよいわけではない。

そこで当然考えられるのは，蒸してつぶしたジャガイモを使って，それにいろいろな量を混ぜて試験することだ。さらにホウ酸の量だけでなく，ゴキブリにとってもっと美味しい味付けとか香りを検討する際にも，基本的な材料としてジャガイモを使うことが考えられる。

しかし生のジャガイモから一々蒸すやら潰すやらでは面倒だ。簡単に入手できて，いつでもダンゴにできるものがあれば試験に便利である。そこで，昔から使われてきたジャガイモのヒントもあり，第Ⅳ部「5　試験方法の改良」（104頁）で述べた試験方法でゴキブリが結構好きだったジャガイモデンプンを基本にして，とりあえずホウ酸の最適量の見当をつけた例を示す。

2-2　ホウ酸含有量と摂食量との関係

もちろんデンプンだけではダンゴにならない。水を入れて練っても，乾けばバラバラになってしまう。ホウ酸を入れる前も後も，ダンゴにするための混ぜものとその量を，いろいろ試す必要があった。一つ一つ試みてみないとわからないのである。

とりあえずの結果，一応表7-1に示した乾燥材料の配合で試験を行っ

表 7-1　よく食べられるホウ酸含有量の試験結果（ホウ酸含有量の異なる5錠を同一容器に並べた）.

							合計
錠剤成分（%）	ホウ酸	0	10	20	30	40	
	デンプン	45	40	35	30	25	
	溶性デンプン	45	40	35	30	25	
	小麦粉	10	10	10	10	10	
ゴキブリによる摂食量（mg）	容器A　50雌	77	30	30	38	8	183
	容器B　50雌	46	46	54	19	16	181
	合計　100雌	123	76	84	57	24	364
ホウ酸摂食量	合計　100雌	0	7.6	16.8	17.1	9.6	51.1

た。もちろん試験用で，最良ではない。これに約半分の重量の水を徐々に加えて練りあげ，紙の上で7㎜ほどの厚さに伸ばして半分乾燥させたところで，直径2㎝の円筒（コルクボーラー）でカットし，とにかく試験できる円盤形（錠剤）とした（写真7-1）。加えた水分は2〜3日で大部分が蒸発し，数日で乾燥する，その結果，乾燥後の錠剤の成分比率は，水を加える前の乾燥材料とほぼ同じ割合とみてよい。

こうしてホウ酸が0〜40%含まれた5種類の錠剤を，チャバネゴキブリを入れた容器の中に並べて24時間置き，食べられた量を調べた結果を表7-1に示す（Tsuji & Ono, 1969）。

これによると，ホウ酸が10〜30%と大量に含まれている餌でもゴキブリがかなりよく食べてくれることがわかる。しかし，食べられたホウ酸そのものの量をみると，30%でも20%より目立って多いわけではないので，なるべく多くのホウ酸をゴキブリに食べさせる目的では20%でも十分であると言える。また，さすがに40%になると錠剤が固くなり，食べ方はひどく低下した。

写真 7-1　コルクボーラーで切り抜いたベイト錠剤.

2-3　勘違いに注意

ここで注意すべきことは，ホウ酸20％という数字である。これは乾燥した原料での数字で，乾燥した状態の錠剤での数字と考えてよい。もし，蒸してすり潰したジャガイモや，水を加えて練り上げた餌の中に20％になるようにホウ酸を加えると，乾燥した後では水分が減少し，ホウ酸の割合は30％以上に増えてしまう。つまりゴキブリが食べにくくなる恐れがある。実用場面で間違えやすいので注意が必要だ。

水分を含ませた状態で設置しても，2〜3日で水分は激減するし，乾燥した後でもゴキブリに有効である期間が長く続く必要があるので，その時に所定の濃度にするために乾燥材料に対しての割合で考える必要がある。もちろん，保湿剤を入れて長期間水分を保つ，いわゆる生(なま)式の場合は，その状態でのホウ酸の含有量が20％あってもよいわけだが，保湿式だと餌の摂食量も増加するので，それより少なくてもよいだろう。

2-4　ホウ酸含有量と殺虫効力

チャバネゴキブリ雌成虫群に上記錠剤のみを一昼夜だけ与え，その後は無毒の餌を与えた場合（図7-1)，1ヶ月後のゴキブリ死亡率は含有量10％区で65〜86％，20％区で93％だった(含有量0％では当然死亡せず)。これで，たった一昼夜の設置であっても，大部分のゴキブリが食べに来

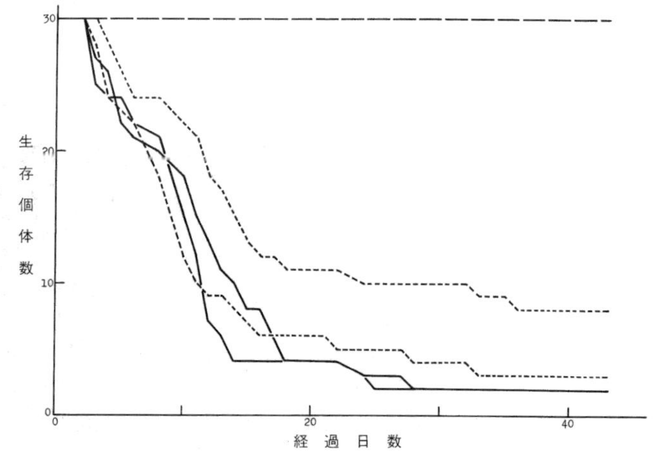

図7-1　一昼夜だけベイト剤のみ与え，その後，無毒の餌を与えた場合の死亡経過.

たことがわかる。

次に，連日ベイト剤のみ与えた場合，2.5%という低い含有量でも100%死亡し，含有量20%ではゴキブリが早く死んで，数日で90%以上，10日余りで100%死亡した（図7-2）。このことは同じゴキブリが繰り返し食べに来ることを示している。

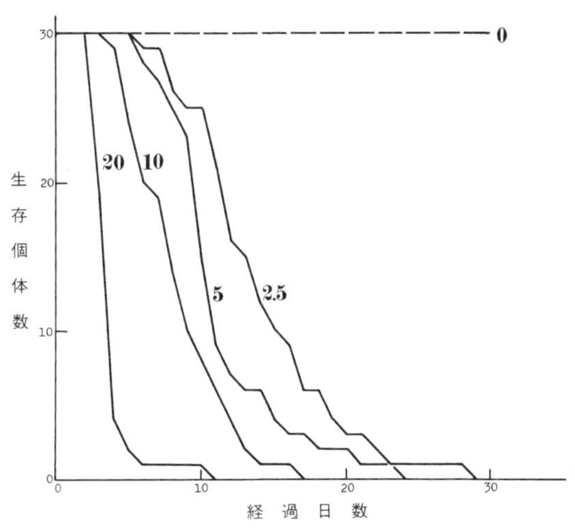

図7-2　連日ベイト剤のみ与えた場合の死亡経過.

一昼夜与えた場合の結果とあわせて考えると，ホウ酸の含有量は，乾燥したベイトの中で10～20%あれば十分だと言える。

2-5　ゴキブリが死ぬホウ酸の量

前記図7-1と図7-2の実験でチャバネゴキブリが食べたホウ酸の量や1匹当たりの平均値などを以下の表7-2と表7-3に示す。

この結果は，ホウ酸2.5%含有の錠剤を繰り返し食べてゆっくり死亡

表7-2　一昼夜だけ投与されたホウ酸ベイト摂食量と43日後のゴキブリ死亡率：ホウ酸ベイトを一昼夜与え，以後は無毒の餌をあたえた.（Tsuji & Ono, 1969から作表）

ベイト(乾燥)ホウ酸含有量	雌成虫総数(2区)	死亡数	43日後死亡率	ベイト摂食量	同左1匹平均	ホウ酸摂食量	同左1匹平均
10%	60	49	80.2%	111mg	1.85mg	11.1mg	0.185mg
20%	60	56	93.3%	105mg	1.75mg	21.0mg	0.350mg

表7-3　連日ホウ酸ベイトを与えられた場合の摂食量.（Tsuji & Ono, 1969から作表）

ベイト(乾燥)ホウ酸含有量	雌成虫総数	死亡数	29日後死亡率	ベイト摂食量	同左1匹平均	ホウ酸摂食量	同左1匹平均
2.50%	30	30	100%	264mg	8.80mg	6.60mg	0.220mg
5.00%	30	30	100%	169mg	5.63mg	8.45mg	0.282mg
10.00%	30	30	100%	135mg	4.50mg	13.50mg	0.450mg
20.00%	30	30	100%	137mg	4.57mg	27.40mg	0.913mg

する場合，チャバネゴキブリ雌成虫 1 匹当たり平均 0.22mgのホウ酸を食べることによって 100％死亡することがわかる。この時，0.22mg食べないうちに死亡した個体もあれば，それ以上食べてようやく死んだ個体もある。また，ホウ酸含量 5～20％の錠剤の場合にはホウ酸量が多い分だけ早く 100％死亡することになる（図 7-2）。

2-6　個体ごとに強制的に与えたホウ酸の効果

チャバネゴキブリ成虫をひっくり返して背面をビニールテープに貼り付け，ホウ酸の水溶液を注射針から口部に与えて飲ませた後，無毒餌で飼育した結果，および虫体の横腹部に注射してから飼育した結果の死亡率を表 7-4 に示す。

口から与えた結果は，雌成虫 1 匹当たり約 200μg（0.20mg），雄成虫 1 匹あたり約 150μg（0.15mg）が 50％死亡させる薬量（LD$_{50}$ 値）であることがわかる。これは一気に強制的に飲ませて死亡させるやり方なので，その量が死亡に必要以上だった個体も，また足りなかった個体（生き残った個体）もいる。ゆっくり必要量食べて死ぬ与え方であれば，100％死亡する摂食量の平均値がこの数値に近いと思われる。実際 2.5％含量の錠剤で雌成虫が 100％死亡するホウ酸摂食量の平均値が 0.22mgとこれに近い数値である。

表 7-4　経口投与された場合と，注射した場合のチャバネゴキブリ死亡率.

	口から与えた場合						注射した場合			
薬量	雄			雌			雄		雌	
μg	A	B	A+B	C	D	C+D	E	F	G	H
450	100	100	100	100	100	100				
300	100	100	100	90	60	75	100	100	80	40
150	70	40	55	10	0	5				
75	0	0	0	0	0	0				
0	0	0	0	0	0	0	0	0	0	0

容器（A～H）1 個当たり 10 匹の 25 日までの死亡率（％）を示す.
死亡率は 11 日以後上昇しなかった.（Tsuji & Ono, 1969 の第 2 票）

2-7 速効性の殺虫剤を加えたら

図7-2でわかるように，10〜20%ホウ酸を含むダンゴを食べさせたゴキブリが死ぬまでには早くて数日，遅ければ半月かかる。そこでもっと早く効く殺虫剤を加えたらよいのではないかと考えやすいが，そのような殺虫剤に対してはゴキブリが嫌って避ける傾向が強く，かえって一部が生き残るケースが多かった。

ホウ酸20%，溶性デンプン10%，デンプン70%の錠剤を与えると，チャバネゴキブリは遅かれ早かれ100%死んだが，それに0.5%のフェニトロチオン（＝スミチオン），またはリンデン（＝γBHC）を加えたものは多くのゴキブリを早く殺すものの，全滅させるのにはむしろ時間がかかるか，あるいは全滅させることができなかった（図7-3）。これはゴキブリがこれらの毒餌を好まなくなり，あるいは同時に置かれている無毒の餌の方を食べるようになることを示す。一方，ホウ酸だけが殺虫成分の錠剤に対してはゴキブリの忌避が少なく，ゴキブリの死に方はゆっくり

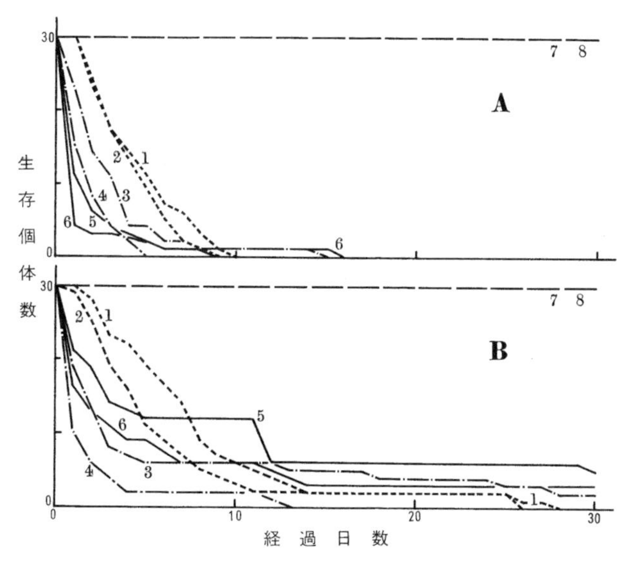

図7-3　ホウ酸ベイトに速効性の殺虫剤を加えた場合のチャバネゴキブリ死亡経過：Aでは錠剤と水のみ与え，Bではその上に米ぬかも与えた．（雌成虫30匹）〔殺虫成分　1,2：ホウ酸20%　3,4：リンデン0.5%追加　5,6：フェニトロチオン0.5%追加　7,8：殺虫成分なし〕

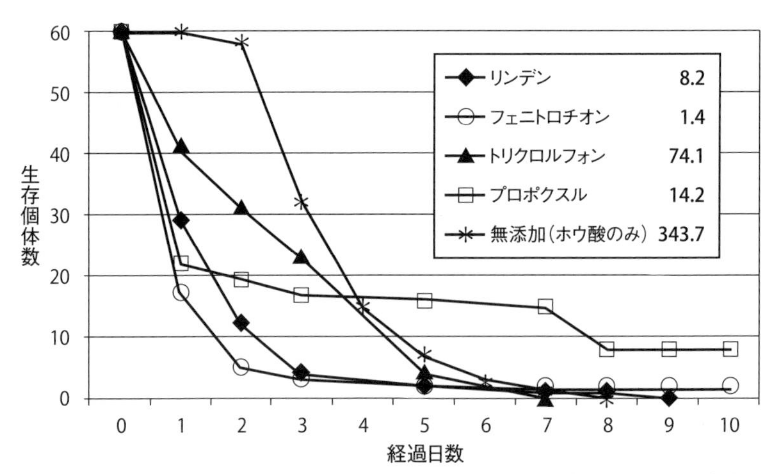

図 7-4 前述図 7-3A と同様の試験結果（雄成虫 30 匹 2 区合計）：添加殺虫剤名右側の数字は各ベイト剤の摂食量（mg）.（田原ら，1974 から作図）

だが，安定して 100％死亡する傾向があった。

図 7-3A と同様にして，プロポクスルを追加した場合を含めた試験でも，類似結果が得られた（図 7-4）。強制的に毒餌のみ与えているにもかかわらず，プロポクスルやフェニトロチオンを追加した場合はかえってゴキブリが 100％死亡せず，一部が生き残っている。

2-8 速効性殺虫剤を追加したベイトの食べられ方

上記の図 7-4 の実験で，ホウ酸だけ含んだベイトや，それに他の殺虫剤を 0.5％加えたベイトのそれぞれをチャバネゴキブリ成虫が 10 日間で 1 匹あたりどれだけ食べたかを示すと図 7-5 の通りである。

この結果を見ると殺虫剤追加区の摂食量がホウ酸のみの区より少ない傾向がわかる。ゴキブリはホウ酸のみ含んだ無添加のベイトを大量に食べて 4～7 日で 100％死亡するのに対し，速効性で殺虫力の強い成分を追加したベイトではごく少量食べるだけで 100％死亡すると期待しがちである。しかし，プロポクスルやフェニトロチオンを追加した場合，10 日たっても 100％の死亡が得られず，追加した殺虫剤を十分に食べないゴキブリがいることを示す。この場合，食べても死ななかったというのではない。このベイトにはホウ酸も入っているので，食べればホウ酸の

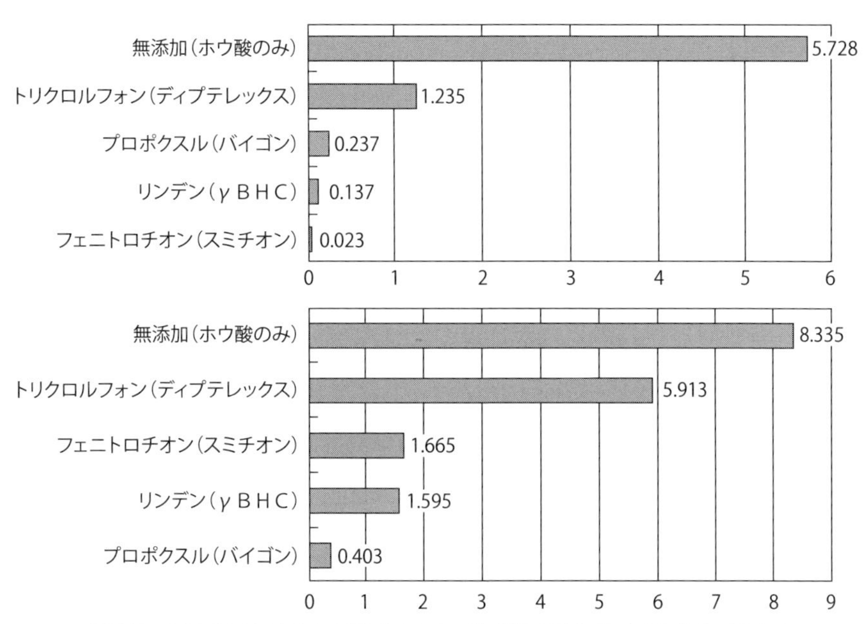

図 7-5　図 7-4 におけるホウ酸ベイトと，追加殺虫剤入りベイトの食べられ方〔上：雄成虫 60 匹の結果（1 匹あたりmg）／下：雌成虫の結果〕.（田原ら，1974 の第 3 表より作図）

効果で死ぬはずなのだ。生き残ったゴキブリは，おそらく死ぬだけの量を食べる前に追加成分について何らかの異常に気づき，食べることをやめたのである。実際，生き残るゴキブリはこれらの追加殺虫剤を含む錠剤を食べないか，近づかない傾向がみられる。このようなチャバネゴキブリが少しでも生き残ると，生き残る性質の個体が元になって急速に繁殖し，結局防除が不十分になる。このような成分は，いくら殺虫力が強くてもベイト用には適していない。

それにしても，チャバネゴキブリが 100％死亡するまでに食べたホウ酸 20％のベイトの量から計算すると，チャバネゴキブリが 100％死亡するまでに雄 1 匹が平均 1,140μg（約 1.1mg），雌 1 匹が平均 1,660μg（約 1.7mg）のホウ酸を食べたことになる。これはチャバネゴキブリがそれだけ食べなければ死亡しないというのではない。すでに別の実験で雄は 300μg, 雌は 450μg を食べさせれば 100％死亡することがわかっている（表 7-4）。だから明らかに必要量の 3 倍以上を勝手に食べて死んでいる。このように，死ぬだけの量をはるかに超えて食べても，ゴキブリが気づかずに食べ続けるので，ホウ酸はベイト剤の殺虫剤成分として優れている。そのため，施用初期の殺虫が多少遅くても，最終的な殺虫率が良好になるのである。

2-9　最近の毒餌用殺虫剤

ホウ酸は最近でも使われているが，市販の毒餌，特にプロの防除業者用の毒餌には，ホウ酸以外にヒドラメチルノンやフィプロニルその他の殺虫成分も多く用いられている。これらの成分は有機合成化合物で，無機化合物のホウ酸に比べて非常に少ない濃度で有効である。したがって，実用的な餌の中ではホウ酸の場合の1/400（フィプロニル）や1/10（ヒドラメチルノン）などの濃度で使用される。

それでも，実際の現場ではホウ酸入りの餌が良い防除効果を上げているケースが多く，依然としてホウ酸は重要な有効成分なのだ。

2-10　問題点，特に抵抗性

もし，ホウ酸ダンゴに限らず，殺虫剤入りの餌を食べないゴキブリや，食べても死なないゴキブリがあれば，それらの子孫は抵抗性のゴキブリ群を形成することになる。特に食べるか食べないかという行動的な抵抗性は毒餌特有の抵抗性の現れ方である。

この原因は，餌の原料を嫌う個体の増加（たとえば基本材料のブドウ糖を嫌う個体が増加したので，処方を変更したヒドラメチルノン製剤，(Silverman & Bieman, 1993）と殺虫成分を嫌う個体の増加（たとえば含有殺虫剤を嫌う個体が増えたクロルピリホス剤；Ross, 1998），の両方がある。ホウ酸入りの場合も，実験的に生存個体を選別すると食べ方が減るが，これらの要因がどのように影響しているかハッキリしなかったという報告もある（Ross, 1996; Negus & Ross, 1997）。

このような事実から，餌そのものについて，今後も多様な工夫が必要であり，それぞれの殺虫剤成分も一辺倒に使用すべきでなく，どれも大切に使うべだ。

3 ゴキブリの好みを調べる

3-1 ゴキブリの餌に対する反応

強制的に1種の食べ物だけ与えた場合，ゴキブリは人間の食べるものの大抵のものを食べるが，ホウ酸ダンゴ用の餌としては，特に好んで食べるものを用いたいのは当然である。ゴキブリの好物として，パン，蒸したジャガイモ，米ぬか，ヒエ，バナナ，タマネギなどが知られている。これら以外のものをさらに探すことも大切になる（辻，1979）。

これらの好物には，①離れた場所から誘引される「良い香り」と，②口の部分（ひげ）で触れると食べたくなる「良い味」がある。例えば空腹のゴキブリは米ぬかを喜んで食べるが，揮発油の一種（ヘキサン）で洗ったもの（抽出した残りかす）には寄りつかず（写真 7-2），①の誘引成分（の油）が溶け出てしまったことがわかる。実際，こうして抽出された油をろ紙にしみ込ませた部分にはゴキブリが誘引されて，しかもその部分を食べて穴をあける。だから，その油は①だけでなく②の性質ももっていることがわかる（写真 7-3）。

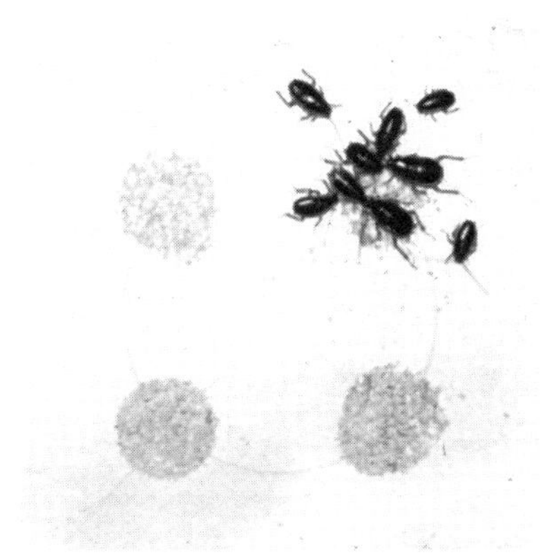

写真 7-2　抽出残渣よりも抽出前の米ぬかを選んで食べるチャバネゴキブリ.

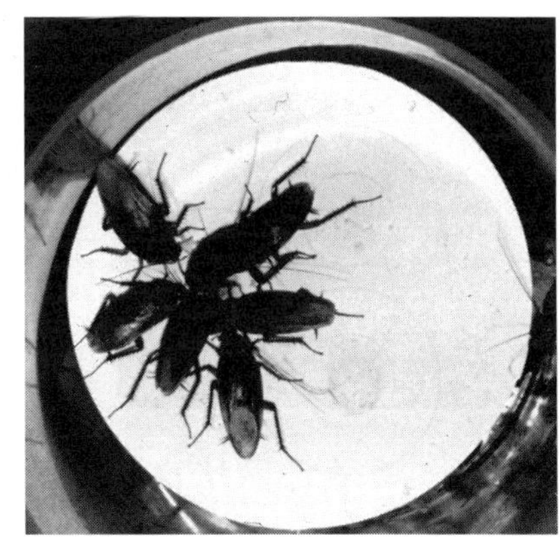

写真 7-3　ろ紙の抽出油スポット部分を食べるワモンゴキブリ.

3-2 糖類と関連物質の味

米ぬかを揮発油で洗った残りかすをアルコールで抽出すると（アルコールが僅かの水分を含むので），油でなくブドウ糖や砂糖など，水に溶けやすい糖類の混合物が得られた。これには①の性質はなかったが②の性質を強く示した。そこで，米ぬかや天然の動植物成分の中の糖類や，その関連成分に対するゴキブリの反応を調べてみた。

まず甘みの成分である「糖類」（砂糖やブドウ糖など）やその近縁，あるいは関連物質にゴキブリがどのように反応するのか調べた。これらの物質（大部分が水によく溶けるもの）を10%の濃さで水に溶かし，溶けないものは粉末を水でよくかき回し，それを直径15センチの「ろ

表7-5　ゴキブリの摂食に対する糖類および類縁化合物の効果．（Tsuji, 1965の第1表）

	チャバネゴキブリ	ワモンゴキブリ	クロゴキブリ
L-アラビノース	+++++	++	+++++
D-アラビノース	−	−	−
キシロース	−	−	−
リボース	−	−	−
ラムノース	−	−	−
グルコース	++	+	+
マンノース	++	−	−
ガラクトース	−	++	+++++
フルクトース	++	+	+++
L-ソルボース	+	−	−
n-グルコサミン	−	−	−
マンニトール	+++++	++	−
ソルビトール	+++++	++	+++
ズルシトール	−	+	−
メソイノシトール	+	+	−
トレバロース	−	−	−
マルトース	+++++	+++++	+++++
スクロース	++++	++	+++
ラクトース	−	−	−
ラフィノース	−	+++	−
デンプン	+++	++++	++++
サリシン	−	−	−
グリコーゲン	−	+	−
デキストラン	−	−	−
ペクチン	−	−	−

紙」に直径約2センチのシミ（スポット）になるように滴下して乾燥させ，そのろ紙をゴキブリの容器内に一晩中置き，ゴキブリの噛みついた痕跡を調べた。1枚のろ紙に十数個のスポットを作り，一種の物質に対して繰り返し5個のスポットを試験した。

一晩中置いたのは，これらの物質には誘引性はほとんどなく，ゴキブリはろ紙の上を口でさぐりながら歩き回っているうちに，偶然甘みに触れて噛みつく反応を示すからだ。つまり香りとして反応したのではなく，先に述べたグループ②，すなわち味として反応している。結果を表7-5に示す。

この結果をみると，マルトース（麦芽糖）をはじめ，いくつかの糖やその関連物質にゴキブリが好んで噛みつき食べることや，ゴキブリの種類により好みが多少異なることがわかる。有効な7物質についてより丁寧に調べると，マルトース（麦芽糖）は3種類のゴキブリとも好む。また，安価な物質としてはスクロース（砂糖）やデンプンの実用性が高い。その後，同様にろ紙にしみ込ませる実験で，グリセロール（グリセリン）もマルトース以上の効果を示すことがわかった。

3-3　油脂成分の誘引性

一方，米ぬかの油の成分（揮発油に溶け出すもの）が誘引性を示したことから，関連する一般の「脂肪酸」や「アルコール」，さらに両者が結合してできる「脂肪酸エステル」と称する化合物を，やはり「ろ紙」にシミ（スポット）を作る方法で試験した。しかし，ゴキブリを誘引する物質が必ずしもゴキブリをスポット上に静止させない可能性があるので，試験方法に少し工夫を加えた（Tsuji, 1966）。

まず噛みつかせるのに有効だった糖の関連物質の10％水溶液一滴ずつ（25μℓ）を落として直径12.5cmのろ紙に十文字に対向する2対（合計4個）のスポットを作り，これを乾燥させた。乾いた後で，その内の一対に誘引性を試験する化合物の液を重ねるように滴下して二重のスポット（テストスポット）とした。実際にはアセトンやクロロホルムのように油をよく溶かして揮発しやすい液（溶媒）の中に化合物を溶かした1％液または0.1％液を，1スポット当たり一滴（25μℓ）使った。これが乾いて

写真 7-4 誘引スポットに集まるチャバネゴキブリ幼虫.

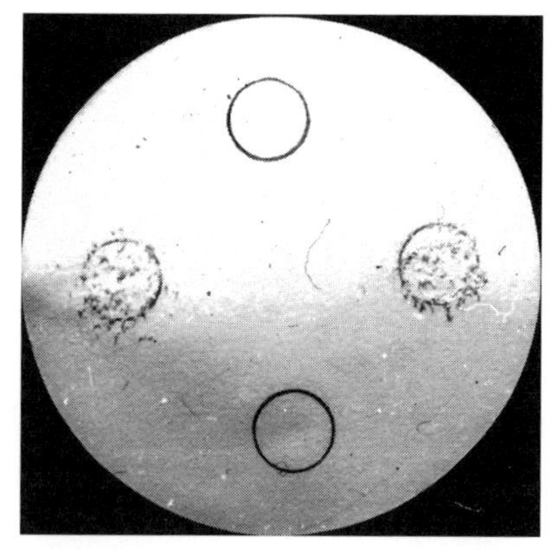

写真 7-5 ワモンゴキブリにより噛まれた左右の誘引スポット.

溶媒の臭いが無くなってから，ろ紙を空腹のゴキブリ容器の巣箱の上に置くと，空腹のゴキブリが直ちに出てきて誘引性のある二重のスポットに近づく。そして先に処理してあった糖の関連物質に触れ，その味に気がついて立ち止まり一生懸命かじり出す。そうなると糖の関連物質だけのスポット（対照スポット）にはかえって気がつかないので，二重スポットの上だけにゴキブリが集まる状態になる（写真 7-4)。15 分ほどしてろ紙を回収し，噛みあともチェックする（写真 7-5)。実際に脂肪酸（油脂成分）についてワモンゴキブリを使って試験した結果が表 7-6 である。

表 7-6 脂肪酸各種とその誘引性を示す SSI の数値（ろ紙上の各処理スポットあたり 250μg の数値).（Tsuji, 1966)

試料処理量	250μg
試験繰り返し数	3 回
酢酸	4
酪酸	6
カプロン酸	216
カプリン酸	216
カプリル酸	216
ラウリン酸	216
ミリスチン酸	72
パルミチン酸	72
ステアリン酸	72
アラキン酸	4
ベヘン酸	4
オレイン酸	216
リノール酸	72
対照区	1

噛まれた対照スポット数よりも噛まれたテストスポットの数が多い場合にテスト化合物が誘引的，同数なら中間，逆なら忌避的と考えられるが，誘引性の程度を同じ現象が偶然起こる「確率」の逆数で示すことにした。したがって，繰り返し実験全体の数値は，繰り返し毎の数値を掛け算したものとなり，「スポット選好指数 = SSI」と命名した。それら

の関係を以下に示す。

3回の繰り返し実験の場合：　$SSI = S_1 \times S_2 \times S_3$

2回の繰り返し実験の場合：　$SSI = S_1 \times S_2$

ここでS_1, S_2, S_3は1～3回目の誘引的な実験結果のそれぞれが偶然起こる確率の逆数（大きいほど誘引性），または忌避的な結果の場合はそれが偶然起こる確率そのもの（小さいほど忌避性）で示す。中間的な結果は誘引忌避に関係ないので1とした。実際に起こり得る結果は表7-7の通りである。

SSIの値は次のように考えることができる。

SSI ＞　1：　　おそらく誘引的

SSI ＞　20：　　有意に誘引的（95％以上）

SSI ＜　1：　　おそらく忌避的

SSI ＜ 1/20：　　有意に忌避的（95％以上）

同様の試験を脂肪酸類，アルコール類，エステル類の計51種類について，ワモンゴキブリ，クロゴキブリ，チャバネゴキブリ，のそれぞれで行ってみると，試験した化合物グループのうちそれぞれ適当な炭素数をもつ（適当な揮発性の）ものがゴキブリ3種に対して誘引性があることがわかった。たとえば，酢酸（お酢）は脂肪酸の一種だし，酒のエチルアルコールはアルコールの一種であるが，両者とも揮発性が大きく刺激が強すぎるので，そのままでは微量に使用してもゴキブリが興奮して走り回る傾向があり，誘引性はハッキリしなかった。結局もっと揮発しにくいn-カプロン酸，n-カプリル酸，n-カプリン酸，ラウリン酸，オレイン酸，メチルミリステート，エチルミリステート，メチルパルミテート，エチルパルミテート，n-オクチルアルコール，

表7-7　テストスポットと対照スポットが噛まれるケースの偶然確率の逆数.

	噛みあとの状態				
	テスト円		対照円		S_1, S_2またはS_3
誘引的	＋	－	－	－	${}_4C_1 \times 1/2$ ＝2
	＋	＋	－	－	${}_4C_2$ ＝6
	＋	＋	＋	－	${}_4C_3 \times 1/2$ ＝2
中立的	－	－	－	－	＝1
	＋	－	＋	－	＝1
	＋	＋	＋	＋	＝1
忌避的	－	－	＋	－	＝1/2
	－	－	＋	＋	＝1/6
	＋	－	＋	＋	＝1/2

$SSI = S_1 \times S_2 \times S_3$

n-デシルアルコール，n-ドデシルアルコール，n-テトラデシルアルコール，オレイルアルコールなどの誘引性が明確になった。ただし，これらを大量に使えばよいというわけではなく，あくまでろ紙上で微量に使用した時の結果である。

誘引性の傾向はゴキブリ3種に共通する部分が大きいが，種による若干の相異がある。たとえば，オレイルアルコールはチャバネゴキブリに対してのみ特に有効である。

3-4 油脂成分の味

上記の誘引性の試験では，あらかじめ噛みつかせる糖類のスポットをろ紙上に4個作り，そのうちの2個に重ねるようにして油脂成分を加えて，飢えたゴキブリが20分以内に油脂成分の香りに誘引され，二重のスポットに噛みつくことを利用した。

しかし，米ぬか成分の研究から，油脂成分にも誘引だけでなく噛みつかせる作用もあることが推定されたので，糖類と関連物質の実験（表7-5）と同様の実験を行った。各化合物の単味のスポットをろ紙上に作り，一晩（16時間以上）ゴキブリ容器に入れてゴキブリがスポットに出合う時間を十分に与え，スポット上の噛み痕を調べると，誘引性を強く示す油脂成分には，糖類ほどではないが，若干の摂食行動誘起作用があることが示された。ゴキブリ3種全体としてはn-カプロン酸，n-カプリル酸，n-カプリン酸，メチルミリステート，エチルミリステート，n-ドデシルアルコール，オレイルアルコールに強い活性がみられたが，ゴキブリの種類により異なり，たとえばオレイルアルコールはチャバネゴキブリにだけ強い効果があった。

3-5 糖類と油脂との強い相乗効果

油脂成分だけでも誘引と摂食の両方の効果をもつものがあることは，上記の結果から明らかである。しかし，米ぬかの抽出物の実験でも明らかなように，油だけよりは糖類を含んだ成分が同時に存在する方が，ゴキブリを処理スポットに集合させ食べさせるのに有効である。たとえば，糖類のマルトースと油脂成分のメチルミリステートのそれぞれ単独スポットと，両方重ねて使用した二重スポットへのゴキブリの集合状態は，二重スポットへのゴキブリの集合状態が圧倒的に良好である。

「糖類」の味は非常に好まれるが，純品の場合は，誘引性はなく，口部（ひげ）で触れて味を感じる前記②のグループである。「糖類」には砂糖（スクロース）やブドウ糖（グルコース）をはじめいろいろな種類があり，特に好まれるのは麦芽糖（マルトース）である。関連化合物として「糖アルコール」にも有効なものがあり，グリセリン（グリセロール）も強い効果がある（110〜111 頁参照）。

なお，ゴキブリは，空気の流れに乗ってやってくる食べ物の香りに反応して，その流れをさかのぼるように移動するが，一直線にやって来るのではなく，長いアンテナを使って左右ジグザグな探り行動をしながら近づくのである。

4 餌の内容検討（処方）

4-1 実際に食べさせる実験

ゴキブリが食べ物を発見する行動や，噛みつく行動を起こさせる化学物質をスッキリした状態で示すために，米ぬかの抽出物や各種の化合物を，味や香りのない「ろ紙」に付着させて行った実験結果を前節「3 ゴキブリの好みを調べる」で示した。それによって，その物質が味として作用するのか，香りとして作用するのか，あるいは両方の作用をもつのかを調べた。

しかし，そうして得た摂食促進物質や誘引物質の知識を利用して，実用的なホウ酸ダンゴやベイト剤を作るためには，ダンゴ，ペースト（糊），クリーム，あるいはジェル（ゲル）の形を作り，それが殺虫成分を含んだ食べ物としてゴキブリを誘引し，十分な量が食べられるかどうかを調べる必要がある。そして，なによりも実際にゴキブリの数を十分に（せまい場所では 100％）減少させることを確かめる必要がある。

そこでホウ酸の適量を調べる実験の 2-1 と 2-2 で述べた方法（写真 7-1）で錠剤を作り，その過程で誘引成分や糖類を添加して効果を検討した。

4-2 多すぎると嫌になる誘引成分

ろ紙に微量をしみこませて試験し，いろいろな化合物がゴキブリを誘引することは前に述べた。その時一番有効であった化合物の代表としてメチルミリステートを錠剤に加え，チャバネゴキブリの食べ方を調べた結果を表7-8に示す。

表7-8 誘引成分の適量試験結果.（Tsuji & Ono, 1969）

処方(g)	メチルミリステート（誘引物）	0	0.02	0.2	2	4
	ホウ酸	20	20	20	20	20
	デンプン＋溶性デンプン＋小麦粉（7：7：2）	80	80	80	78	76
4日間の摂食量	ゴキブリ容器A（mg/30雌）	19	56	55	19	3
	ゴキブリ容器B（同上）	44	31	96	32	4
	ゴキブリ容器C（同上）	34	119	78	18	8
合計(mg)		97	206	228	69	16

この結果，この誘引物質は0.02～0.2%という少ない量でゴキブリを誘引し，錠剤をより多く食べさせる効果があるが，2～4%と多すぎる場合，むしろ忌避的に働き，ゴキブリが嫌うことを示している。

香水などの純粋の香気成分が濃すぎる場合，かえって不快感を与えることは人間の場合でも知られているので，純粋の誘引物質を多量に使えばよいと考えることが誤りであることがわかる。むしろ天然の食品素材などの混合成分を適当に使用することが大切なのである。

4-3 糖類の濃度と効果

ろ紙試験法で噛みつかせる効果のあった砂糖(スクロース)と麦芽糖(マルトース)のそれぞれについて，0，5，10，15 %を含む錠剤（各2個，計8個）を，チャバネゴキブリ雌成虫30

表7-9 砂糖と麦芽糖との比較1.（Tsuji & Ono, 1969）

			0%	5%	10%	15%
	糖（乾物量%）					
処方(%)	デンプン		70	65	60	55
	溶性デンプン		10	10	10	10
	ホウ酸		20	20	20	20
摂食量(mg)	砂糖区	容器A	2	4	5	22
		容器B	3	4	11	42
		合計	5	8	16	64
	麦芽糖区	容器C	−2	9	7	39
		容器D	−2	1	4	16
		合計	−4	10	11	55

匹の入った1容器内に並べて24時間後の摂食量を調べた結果を表7-9に示す（容器の繰り返しAB）。

この結果は，砂糖または麦芽糖の0～15%濃度の錠剤を並べて与えると，高濃度を含む処方ほどゴキブリの摂食量が多いことを示す。

一方，上記同様の処方を用い，無添加錠，および同じ濃度を添加した砂糖添加錠と麦芽糖（マルトース）添加錠（1容器に各2個，計6個）を1容器内に並べてチャバネゴキブリ雌成虫30匹に3日間与えた場合の摂食量は表7-10の通りである。

この結果は，添加量が10%でも摂食量を大きく増大させること，10%以上の濃度で砂糖より麦芽糖の方が，効果が高いことを示す。さらに雄成虫では添加量5，10，15%の全てで上記と同じことが言える結果を得た（データ略）。

表7-10　砂糖と麦芽糖との比較2.（Tsuji & Ono, 1969）

添加糖の濃度	容器	添加の有無と摂食量（mg）		
		無添加	砂糖添加	麦芽糖添加
5%	A	9	21	44
	B	44	100	24
	合計	53	121	68
10%	C	4	31	52
	D	4	33	75
	合計	8	64	127
15%	E	19	25	39
	F	17	28	94
	合計	33	53	133

4-4　グリセリンの効果と弱点

上記の糖の試験と同様の処方と方法で，同じ濃度の砂糖，麦芽糖，グリセリンを加えた錠剤を並べて比較した結果を示す（表7-11）。

この結果によると，同じ濃度を加えるなら，グリセリン

表7-11　砂糖，麦芽糖，グリセリンの比較.（Tsuji & Ono, 1970b）

添加物の濃度	容器	添加の有無と摂食量（mg）			
		無添加	砂糖	麦芽糖	グリセリン
5%	A	26	−7	5	152
	B	10	6	13	89
	合計	36	−1	18	241
10%	C	−6	1	−2	115
	D	26	−3	−5	73
	合計	20	−2	−7	183
15%	E	−13	9	15	43
	F	−7	2	42	71
	合計	−20	11	57	114

>　麦芽糖>　砂糖　の順でゴキブリによる接触量を増加させるのに有効であることがわかる。しかし，これでグリセリンを多量に用いればよいという結論にはならない。グリセリンは水分を吸収しやすいので，長期間を経ると餌の水分が増加して流出する場合があるからである。その点では麦芽糖の方が安全だが，経済的には値段が安い砂糖や不純物を含む糖蜜を多く用いることも選択できる。

4-5　より多くの天然物の利用

今まで述べた試験は個別の成分の効果を明らかにするために，比較的単純な成分構成による錠剤を用いて行ったものである。誘引性や摂食促進性だけを考えてみても，それが実用的に最も優れたものと言えるわけではない。経済性を含めて考えれば，多くの天然素材の配合の検討も当然必要となる。たとえば，米ぬかそのもの，食用油，牛乳，タマネギなどを混合したりすることは，自家製のダンゴ作りでは当然行われる。そのほか，植物性あるいは動物性の基材や油脂の混用など，種類と配合割合について検討すべきことは無限にあり，その中で，今までにわかった有効成分を強化してみる必要もある。

5　現場で試す

5-1　開発途中の処方でも有効

第Ⅳ部「2　餌を探し回るゴキブリ」（100 頁）の項でも触れたように，ゴキブリは成虫も幼虫も餌を求める性質が強いので，ゴキブリが潜んでいる場所に正しく施用すれば，まだ十分に検討していない処方でも，かなり有効である。それ故に，よく食べられるホウ酸入りの餌を作れば一層良い効果が期待できる。

50 年ほど昔に筆者がチャバネゴキブリの多い場所で防除試験をした例がある。この時，ゴキブリの多さを，トラップを使って施用前に調べ，施用後でも定期的に調べてゴキブリの減り方を観察した。トラップは直径 9㎝，深さ 6㎝のガラス容器を使い，その上部内面に油（流動パラフィンを使ったが，食用油でもよい）を 3～4㎝の幅に塗って入ったゴキブ

ゴキブリ防除が困難な理由

日常の経験から次のことが言える。

生存と増殖の条件を人間が与える

ゴキブリのIPM（総合的有害生物管理）のために，その定着と繁殖の条件を除外することが基本であるが，それらの条件を人間の生活が与えているので面倒なのだ。

(1) 温度の提供

越冬できないはずの熱帯性あるいは亜熱帯性のチャバネゴキブリ，ワモンゴキブリ，トビイロゴキブリなどが，工場，厨房，地下街，排水系などの人工的な加温環境に棲み着き，増殖している。人間はこうした加温条件でゴキブリを増やし，防除を困難にしている。

しかし，これらのゴキブリは冬の間の棲息場所が加熱部分に限定されるので，冬季が防除作業に好適な時期とも言える。

(2) 餌，水，隠れ場所の提供

これらの必須3条件も人間がゴキブリに与えている。特に大発生の見られる工場や店舗とそうでない場所との違いは，おおむね餌の供給量の相違である。ゴキブリの発生数は食品関係の事業所や，それに関連する処理施設で圧倒的に多い。

とくにチャバネゴキブリは僅かな餌量で多数発生し，棲息数は餌の量に比例する。生産工程や厨房における食品と残渣の露出度はゴキブリの発生量と密接な関係があり，これらの放置を避けなければならない。それには厳重な蓋つきの容器の使用が必要である。

潜伏場所としては餌と水に近い場所が選ばれるが，冬季のチャバネゴキブリなど，熱帯性の種類では加温されている場所が選ばれる。潜伏場所そのものにベイト剤を施用することは，他の場所に餌があってもゴキブリは目前のベイト剤に食いつくので効果がある。

食品残渣の堆積そのものが隠れ場所となっている場合が最悪で，このような餌を除去ないし遮断しないと防除は極めて困難となる。

チャバネゴキブリの殺虫剤抵抗性

温帯においてはほとんど屋内のみに棲息するチャバネゴキブリで普通にみられる現象で，同じ薬剤を繰り返し使用する屋内で生き残ったゴキブリが繁殖し，殺虫剤やベイト剤が効かなくなるのである。殺虫剤を避けて通る，殺虫剤に触れても死なない，ベイト剤の餌が嫌いで食べない，食べても死なない，などの遺伝子をもつゴキブリだけが選ばれた結果である。

このような現場のゴキブリには別の有効な薬剤を探す必要がある。薬剤メーカーがすべての現場のゴキブリに対して試験することは困難だ。PCO（防除担当者）自身による実験検査が理想であるが，実際の防除のついでに現場（同室内）の AB 二部分に異なる薬剤を使用し，各部分に置いたモニタリングトラップの捕獲虫数の減少率を比較する方法もある。チャバネゴキブリの場合，短期間の移動範囲が狭いので，効果の差異があれば，数メートル程度離れたトラップの間でも減少率の差が検出できる。もちろん，各部分のトラップ数は1個ずつよりも複数ずつの方がよい。ただしベイト剤がホウ酸剤のように遅効性の場合，調査トラップ上の捕獲数が激減するのは2週間以後となる。

よく食べられるベイト剤を選ぶには，10 × 10㎝など1枚の板上に，複数種のベイト剤(の中身)を並べて貼り付けて現場に設置し。食べられた種類を採用する。食べられてもゴキブリの死体が出ない場合，別の殺虫成分が必要になる。昔から使われているホウ酸を含んだものが（遅効性であるが）一番よく効く場合もある。

黒い大型ゴキブリ（クロゴキブリ，ヤマトゴキブリ）の問題点

(1) 野外から積極的に侵入する

これらの2種は野外越冬が普通の種類で，幼虫が樹上（樹洞や樹皮下），地上の堆積物や構造物の隙間，半地下の隙間などで越冬し，夏季には餌や水の匂いに反応して積極的に家屋内に侵入してくる。それゆえ，屋内のゴキブリを駆除しても，毎年必ずゴキブリの出現が問題となる。侵入経路の遮断に努めるほか，戸口，排水経路の隙間，風呂場，洗い場，トイレ等に，あらかじめ薬剤やベイト剤の施工が有効である。大型個体は徘徊範囲が広いので，ベイト剤のヒット率も高い。

(2) 殺虫剤抵抗性はほとんどない

一方，殺虫剤を使用して屋内のゴキブリを殺しても，殺虫剤を経験していない屋外のゴキブリが毎年侵入することより，殺虫剤に対する抵抗性がほとんど発達していない。だから，黒い大型ゴキブリは小型のチャバネゴキブリよりも，殺虫剤に対してはるかに弱く，殺虫剤もベイト剤もおおむね有効である。

それゆえ，発生源のゴキブリを殺そうと，屋外環境に殺虫剤を広範に散布することは避け，侵入口をなくし，侵入口近くに殺虫剤やベイト剤を施工して，侵入時のゴキブリをいち早く死亡させることが望ましいし，それが可能である。

屋外のゴキブリに対して殺虫剤を広範に使用して殺虫を行えば，屋内のチャバネゴキブリ同様の殺虫剤抵抗性を発達させることが予想される。

表 7-12　実地試験用の中間処方（誘引性の改良度は低い）.

処方成分／形態	5月22日使用品 1.8g 錠剤×7 個	9月14日使用品 粒剤 20g
ホウ酸	20%	20%
トリクロルフォン		0.5%
メチルミリステート	0.2%	0.2%
小麦粉	10%	
溶性デンプン	34.9%	10%
デンプン	34.9%	69.3%

リが逃げないようにした。これをゴキブリの通り道の壁や家具の垂直面に接して設置し，入ったゴキブリを定期的に数え，食べて死ぬ実験なので，生きているものはその都度逃がした。トラップの中には餌は入れていないが結構入るので，その数で活動するゴキブリの多さがわかる。（近年では，紙製の組み立て式容器の底に粘着剤が塗られている「粘着トラップ」を用いて，付着するゴキブリの数を調べるのが普通だ）。

表 7-12 に示した試験用処方を用い，4 × 2m の小型の給湯室で試験を行った。使用トラップは脱出防止用流動パラフィンを内側に塗ったガラスポット 4 個で，誘引餌は入れていない。この場合，後で説明できるよう丁寧に経過をみたが，ホウ酸ダンゴの場合の調査は，普通は施用直前に 1 回，施用して 1 ヶ月後に 1 回で十分である（第Ⅵ部「6　トラップによる調査」（162〜164 頁）の項参照）。早く効果が現れる殺虫成分の場合は，1〜2 週間後に調査するだけの場合もある。施工は 1968 年 5 月 22 日と 9 月 14 日に行った。

ホウ酸餌はゴキブリの隠れている場所や，出て来る時に当然通ると思われる隙間などに設置した。このような場所はふんなどで汚れているのでわかる。この時大切なことは 2〜3 ヶ所にだけ設置するのではなく，隠れ場所を中心にゴキブリが嫌でも出合うように広範囲に施用するようにした。

結果を図 7-6 に示す。バーの高さはトラップされたゴキブリ数を示し，白色部は生存個体，黒色部は死亡個体（ホウ酸ダンゴを食べてから入り，入ってから死亡）を示す。1 回目のベイト施工の後，ゴキブリ数は激減

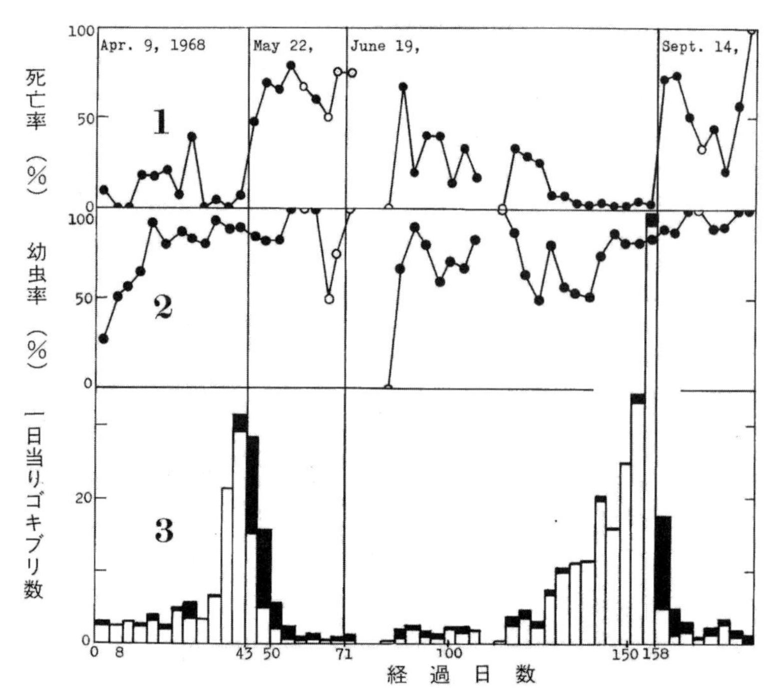

図 7-6　ホウ酸入りベイト剤施用結果の一例（長期のトラップ調査結果）．（Tsuji & Ono, 1970a）

したので，6月19日にベイトを除去したところ，ゴキブリ数が次第に回復した。そこで2度目の施工を行ったところ，再びゴキブリ数を低下させることができた。

この結果から，とりあえず作ったホウ酸入りの餌でも，上手に施用すれば極めて有効であることがわかる。

6　安全なベイト剤のために

ホウ酸ダンゴは古くから家庭でも作られてきたが，殺虫成分のホウ酸の扱いには注意が必要である，ホウ酸もベイト剤も，幼児の目につく場所や，手の届くところに置かない。手作りの際にはゴム膜製の手袋を使用するなどの注意が必要である。

写真 7-6　幼児やペットによる誤食を防止するためプラスチック容器に入れたゴキブリ用ベイト剤．ゴキブリは容器の隙間窓から頭を入れてベイトを食べるチャバネゴキブリ（左下）とクロゴキブリ（右下）．

ちなみに，現在市販の実用製品は，子供やペットによる誤食や環境汚染を防止し，必要に応じて回収するために，ベイト剤を小型の安全容器に入れたものとされている（写真 7-6）。また，ゴキブリにより食い尽くされ，あとに残留しない程度に，微量のベイト剤を注射筒式のシリンジで滴下する方式となっている。自家製の場合もその配慮が必要である。

引用文献

Silverman, J. and Bieman, D. N. (1993) Glucose aversion in the German cockroach, *Blattella germanica*. Journal of Insect Physiology, 39: 925-933.

Negus, T. F. and Ross, M. H. (1997) Evolution of behavioral resistance in German cockroaches (Dictyoptera: Blattellidae) selected with a toxic bait. Entomologia Experimentalis Applicata, 82: 247-253.

Ross, M. H. (1996) Behavioral modifications and their implications for cockroach resistance to toxic baits. Proceedings of the Second International Conference on Urban Pests. Wildey, K. B. (editor), p.393-394.

Ross, M. H. (1998) Response of behaviorally resistant German cockroach (Dictyoptera: Blattellidae) to the active ingredients in a commercial bait. Journal of Economic Entomology, 91: 150-152.

田原雄一郎・大野茂紀・辻　英明（1974）チャバネゴキブリ成虫に対する各種殺虫剤の摂食阻害作用．衛生動物，25: 147-152.

Tsuji, H. (1965) Studies on the behavior pattern of three species of cockroaches, *Blattella germanica* (L.), *Periplaneta americana* L., and *P. fuliginosa* S., with special reference to their responses to some constituents of rice bran and some carbohydrates. 衛生動物，16: 255-262.

Tsuji, H. (1966) Attractive and feeding stimulative effect of some fatty acids and elated compounds on three species of cockroaches. 衛生動物，17: 89-97.

辻　英明（編）（1979）ゴキブリの定住，潜伏，摂食に関する研究（付：食毒剤の効果と個体群，殺虫剤の研究）．環境生物研究会，146pp.

Tsuji, H. and Ono, S. (1969) Laboratory evaluation of several bait factors against the German cockroach, *Blattella germanica* (l.). 衛生動物，20: 240-247.

Tsuji, H. and Ono, S. (1970a) Wide application of baits against field populations of the German cockroach, *Blattella germanica* (L.). 衛生動物，21: 36-40.

Tsuji, H. and Ono, S. (1970b) Glycerol and related compounds as feeding stimulants for cockroaches. 衛生動物，21: 149-156.

資　料

日本産ゴキブリ類一覧（朝比奈，1991）に整理された57種と7亜種

科		属	学名 属名	種名	亜種名	和名	No.
ゴキブリ主科（Superfamily Blattoidea）							
Ⅰ．ゴキブリ科	Blattidae	ゴキブリ属	*Periplaneta*	*americana*		ワモンゴキブリ	1
			P.	*australasise*		コワモンゴキブリ	2
			P.	*brunnea*		トビイロゴキブリ	3
			P.	*fulliginosa*		クロゴキブリ	4
			P.	*japanna*		ウルシゴキブリ	5
			P.	*japonica*		ヤマトゴキブリ	6
			P.	*suzukii*		スズキゴキブリ	7
		イエゴキブリ属	*Neostylopyga*	*rhombifolia*		イエゴキブリ	8
		マルバネゴキブリ属	*Hebardina*	*yayeyamana*		マルバネゴキブリ	9
オオゴキブリ主科（Superfamily Blaberoidea）							
Ⅱ．ムカシゴキブリ科	Polyphagidae	ルリゴキブリ属	*Eucorydia*	*yasumatsui*		ルリゴキブリ	10
		ツチカメゴキブリ属	*Holocompsa*	*debilis*		ツチカメゴキブリ	11
Ⅲ．チャバネゴキブリ科	Blttellidae	クロモンチビゴキブリ属	*Anaplecta*	*japonica*		クロモンチビゴキブリ	12
		チビゴキブリ属	*Anapoecteooa*	*ruficollis*		チビゴキブリ	13
		ヒメクロゴキブリ属	*Chorisoneura*	*nigra*		ヒメクロゴキブリ	14
		チャオビゴキブリ属	*Supella*	*longipalpa*		チャオビゴキブリ	15
		ヨウランゴキブリ属	*Imblattellla*	*orchidae*		ヨウランゴキブリ	16
		ウスヒラタゴキブリ属	*Onychostylus*	*pallidiolus*	*pallidiolus*	ウスヒラタゴキブリ	17a
			O.	*pallidiolus*	*boninensis*	オガサワラウスヒラタゴキブリ	17b
			O.	*vilis*		ミナミヒラタゴキブリ	18
			O.	*notulatus*		アミメヒラタゴキブリ	19
		ツチゴキブリ属	*Margattea*	*kumamotonis*	*kumamotonis*	ツチゴキブリ	20a
			M.	*kumamotonis*	*shirakii*	ヒメツチゴキブリ	20b
			M.	*satsumana*		サツマツチゴキブリ	21
			M.	*ogatai*		ヤエヤマツチゴキブリ	22
		コバネゴキブリ属	*Lobopterella*	*dimidatipes*		フタテンコバネゴキブリ	23
		キョウトゴキブリ属	*Asiablatta*	*kyotensis*		キョウトゴキブリ	24
		モリゴキブリ属	*Symploce*	*japonica*		キチャバネゴキブリ	25
			S.	*okinoerabuensis*		エラブモリゴキブリ	26
			S.	*miyakoensis*		ミヤコモリゴキブリ	27

科		属				和名	No.
			S.	*striata*	*striata*	キスジゴキブリ	28
			S.	*yaeyamana*		ヤエヤマキスジゴキブリ	29
			S.	*gigas*	*gigas*	オオモリゴキブリ	30a
			S.	*gigas*	*okinawana*	オキナワオオモリゴキブリ	30b
			S.	*furcqta*		カノモリゴキブリ	31
		ホソモリゴキブリ属	*Episymploce*	*amamiensis*		アマミモリゴキブリ	32
			E.	*sundaica*		リュウキュウモリゴキブリ	33
		チャバネゴキブリ属	*Blattella*	*germanica*		チャバネゴキブリ	34
			B.	*nipponica*		モリチャバネゴキブリ	35
			B.	*asahinai*		オキナワチャバネゴキブリ	36
			B.	*lituricollis*		ヒメチャバネゴキブリ	37
			B.	*biligata*		モリゴキブリモドキ	38
Ⅳ. オガサワラゴキブリ科	Pycnoscelidae	オガサワラゴキブリ属	*Pynoscelus*	*surinamensis*		オガサワラゴキブリ	39
			P.	*niger*		チャイロゴキブリ	40
Ⅴ. ハイイロゴキブリ科	Oxyhaloidae	ハイイロゴキブリ属	*Nauphoeta*	*cinerea*		ハイイロゴキブリ	41
Ⅵ. マダラゴキブリ科	Epilampridae	サツマゴキブリ属	*Opisthoplatia*	*orientalis*		サツマゴキブリ	42
		マダラゴキブリ属	*Rhabdoblatta*	*guttigera*		マダラゴキブリ	43
			R.	*takarana*		トカラマダラゴキブリ	44
			R.	*yaeyamana*		ヤエヤママダラゴキブリ	45
			R.	*formosana*		コマダラゴキブリ	46
Ⅶ. マルゴキブリ科	Perisphaeridae	マルゴキブリ属	*Trichoblatta*	*pygmaea*		ヒメマルゴキブリ	47
			T.	*nigra*		マルゴキブリ	48
Ⅷ. オオゴキブリ科	Panesthiidae	オオゴキブリ属	*Panesthia*	*angustipennis*	*spadica*	オオゴキブリ	49a
			P.	*angustipennis*	*yaeyamamensis*	ヤエヤマオオゴキブリ	49b
		クチキゴキブリ属	*Salganea*	*esakii*		エサキクチキゴキブリ	50
			S.	*taiwanensis*	*taiwanensis*	タイワンクチキゴキブリ	51a
			S.	*taiwanensis*	*ryukyuanus*	リュウキュウクチキゴキブリ	51b

所属位置未定

科		属				和名	No.
Ⅸ. ホラアナゴキブリ科	Nocticolidae	ホラアナゴキブリ属	*Nocticola*	*uenoi*			52
			N.	*uenoi*	*uenoi*	ホラアナゴキブリ	52a
			N.	*uenoi*	*kikaiensis*	キカイホラアナゴキブリ	52b
			N.	*uenoi*	*miyakoensis*	ミヤコホラアナゴキブリ	52c

上記（朝比奈，1991）以後，日本で確認された2種： 1）チュウトウゴキブリ （トルキスタンゴキブリ）， 2）フタモンモリゴキブリ

参考文献

朝比奈正二郎（1991）日本産ゴキブリ類．中山書店．253pp.

朝比奈正二郎･石原　保･安松京三(監修)(1965) 原色昆虫大図鑑, 第Ⅲ巻. 北隆館.

Allee, W C., Park, O., Emerson, A. E., Park, T., and Schmidt, K. P. (1950) Principles of Animal Ecology. W. B. Saunders Company, 837 pp.

Andrewartha, H. G. and Birch, L. C. (1954) The distribution and abundance of animals. The University of Chicago Press, 782 pp.

Arther, W.. (1987) The niche in competition and evolution. John Willey & sons, 175 pp.

Bell, J. W., Roth, L. M. and Nalepa, C. A. (2007) Cockroaches - ecology, behavior, and natural history. The Johns Hopkins University Press, Baltimore. 203pp.

Bodenheimer, F. S. (1958) Animal ecology to-day. Uitgerij Dr. W. Junk, 276 pp.

Cornwell, P. B. (1968) The cockroach, Volume I. (A laboratory insect and an industrial pest) Hutchinson & Co Ltd. 391pp.

Cornwell, P.B. (1976) The cockroach. Volume II. (Insecticides and cockroach control). Associated Business Programmes. London. 557pp.

Coyne, J. A. and Orr, H. A. (2004) Speciation. Sinauer Associates, Inc.,545 pp.

Dobzhansky, T. (1951) Genetics and the origin of species. 3rd edition, 駒井卓, 高橋隆平（訳）（1953）遺伝学と種の起源．培風館．348pp.

Elton, C. S. (1927) Animal Ecology. Sidgwick & Jackson, LTD, 渋谷寿夫（訳）（1955）動物の生態学，科学新興社．233pp.

Guthrie, D. M. and Tindall, A. R. (1968) The biology of the cockroach. Edward Arnold (Publishers) Ltd. 408pp.

平嶋義宏・森本　桂・多田内修（1989）昆虫分類学．川島書店．597pp.

伊藤修四郎・奥谷禎一・日浦　勇（1981）原色日本昆虫図鑑．保育社.

石井象二郎（1976）ゴキブリの話．北隆館．193pp.

Karlin, S. and Nevo Eviatar (1986) Evolution processes and theory, Academic Press, INC., 786 pp.

Macfadyen, A. (1957) Animal Ecology, aims and methods. Sir Isaac Pitman & sons, LTD, 264.pp.

Mallis, A. (1945) (8th edition, 1997) Handbokk of pest control. Mallis Handbook & Technical Training Company. U.S.A. 1953pp.

Odum, E. P. (1953) Fundamentals of ecology. W. B. Saunders Company, 京都大学生態学研究グループ訳（1956）生態学の基礎．朝倉書店．432 pp.

緒方一喜・田中生男・安富和男（1989）ゴキブリと駆除．日本環境衛生センター．197pp.

Robinson, W. H. (1996) Urban entomology. Chapman & Hall. London. 430pp.

Rust, M. K., Owens, J. M. and Reierson, D. A. (1995) Understanding and controlling the German cockroach. Oxford University Press, New York Oxford. 430pp.

辻　英明（編）(1979) ゴキブリの定住, 潜伏, 摂食に関する研究．環境生物研究会．146pp.

辻　英明（2000）ゴキブリの生活史・餌と冬．家屋害虫，31(2): 87-99.

辻　英明（2005）ゴキブリ研究 49 報文―要旨とポイント―．環境生物研究会．54pp.

辻　英明（2011）屋内ゴキブリ―写真と参考データ．環境生物研究会．94pp.

Tsuji, H. (2013) Reprinting 2 papers on speciation.（種の分化に関する論文 2 題の再録について．環境動物昆虫学会誌，15: 189-195, 2004 英訳と原文），環境生物研究会，24pp.

和田義人・辻　英明（編）（1993）衛生害虫の発育休止と移動―生活史戦略として―．環境生物研究会．74pp.

Willis, E. R., Riser, G. R. and Roth, L. M. (1958) Observation on reproduction and development in cockroaches. Annals of Entomological Society of America, 51: 53-69.

安富和男（編）（1991）ゴキブリのはなし．技報堂出版．212pp.

安富和男（1993）ゴキブリ 3 億年のひみつ．講談社．206pp.

事項索引 (あ〜き)

見出語を中心に，本書を読み解くにあたり重要と思われる用語を，筆者の経験に基づき抽出した。抽出された用語の多くはゴキブリに関するものなので，例えば「管理」であれば「(ゴキブリの) 管理」のことをさし，おおむね「ゴキブリの」という冒頭語が省略されているものと考えてご利用いただきたい。

す

せ

そ

た

ち

つ

て

と

に

ね

の

は

ひ

ふ

へ

〔著者略歴〕
辻　英明（つじ　ひであきら）
1932 年　静岡県沼津市生まれ
1960 年　京都大学大学院博士課程修了（農林生物学科・昆虫学）
1963 年　三共株式会社中央研究所入社
1964 年　農学博士（九州大学）
その後，三共株式会社農薬研究所・生物研究室長，岡山大学農学部非常勤講師（応用昆虫学）〈1985〉, 京都教育大学非常勤講師（生物学）〈1993 ～ 1996〉などを務める。
1992 年　三共株式会社定年退職
1995～98 年　日本ペストロジー学会副会長
2009～10 年　日本家屋害虫学会会長
2011 年～　公益財団法人　文化財虫菌害研究所評議員
2013 年～　公益社団法人　日本ペストコントロール協会顧問
現在，環境生物研究会代表

SCIENCE WATCH
衛生害虫ゴキブリの研究

2016 年 9 月 25 日　初版発行
2021 年 3 月　5 日　2 版発行
〈図版の転載を禁ず〉

著　者　辻　　英　明
発行者　福　田　久　子
発行所　株式会社 北 隆 館
〒153-0051 東京都目黒区上目黒3-17-8
電話03(5720)1161　振替00140-3-750
http://www.hokuryukan-ns.co.jp/
e-mail : hk-ns2@hokuryukan-ns.co.jp
印刷所　大盛印刷株式会社

ISBN978-4-8326-0783-5 C3345